滨海山地风景园林规划设计丛书　　　赵烨　李超　主编

国家自然科学基金项目：面向生物文化多样性管理的山岳保护地风景特质识别方法（52008217）
教育部人文社科基金项目：时空完整性视野下中国名山世界遗产地的风景特质图谱分类及保护研究
（20YJC760139）
山东省高等学校优秀青年创新团队（2022KJ161）

U0192047

山光海色：
崂山风景资源管理与保护

赵烨　著

SCENERY OF THE MOUNTAIN AND SEA:
MANAGEMENT AND CONSERVATION OF LANDSCAPE CHARACTERS IN
MOUNT LAOSHAN

中国建筑工业出版社

图书在版编目（CIP）数据

山光海色：崂山风景资源管理与保护 = Scenery Of
The Mountain And Sea：Management and Conservation
of Landscape：Characters in Mount Laoshan / 赵烨著
. —北京：中国建筑工业出版社，2023.12
（滨海山地风景园林规划设计丛书 / 赵烨，李超主
编）
ISBN 978-7-112-29235-6

Ⅰ.①山… Ⅱ.①赵… Ⅲ.①崂山—风景区规划—旅
游资源—资源管理—研究②崂山—风景区规划—旅游资源
—资源保护—研究 Ⅳ.①TU984.181

中国国家版本馆 CIP 数据核字（2023）第 184404 号

责任编辑：毋婷娴
责任校对：王烨

滨海山地风景园林规划设计丛书
赵烨 李超 主编

山光海色：崂山风景资源管理与保护
SCENERY OF THE MOUNTAIN AND SEA:
MANAGEMENT AND CONSERVATION OF LANDSCAPE CHARACTERS IN MOUNT LAOSHAN

赵烨 著
*
中国建筑工业出版社出版、发行（北京海淀三里河路9号）
各地新华书店、建筑书店经销
北京雅盈中佳图文设计公司制版
建工社（河北）印刷有限公司印刷
*
开本：787毫米×1092毫米 1/16 印张：9 字数：194千字
2024年3月第一版 2024年3月第一次印刷
定价：58.00元
ISBN 978-7-112-29235-6
（41946）

序

识别山岳风景特质对中国山岳风景遗产的完整性保护具有重要意义。中国山岳"人与天调"的风景系统代表了我国独有的山岳文化现象和山水相融的总体特征，山岳风景遗产不仅包含遗产资源本身，也涵盖了人地相互作用的动态演变与时空特性，是覆盖了不同历史时期层积信息的风景整体。山岳型风景名胜区是我国自然保护地体系的重要组成部分，伴随着国务院印发的《关于建立以国家公园为主体的自然保护地体系的指导意见》，明确强调我国自然保护地（如山岳保护地）需考虑科学化和精细化的管理与保护方法。

赵烨老师作为一名青年学者，致力于探索滨海山地区域的保护地研究，尝试从"空间管理—对象保护—全域风景"三个层面，构建山岳风景资源管护的逻辑框架，辨析了如何划分山岳保护地的外部管理边界、图绘其山水空间格局、纳入公众参与式管理模式等，这有助于对现有山岳风景资源分类思路和保护管理方式进行完善。

赵烨老师提出了风景特质理论的内涵，指的是在风景自然与文化整体性视角下，研究风景的要素组合、变迁历程及内在逻辑的方法，它用于探究区域风景在不同自然和文化影响下的演进过程与结果。又提出了，山岳风景遗产的内涵，是指山岳的山水空间关系及其人地相互作用的动态演变的过程，它是覆盖了不同历史时期层积信息的风景整体。

在实证部分，作者选取崂山作为研究对象，崂山具有典型的滨海山地资源特征，荟萃了"山光海色"的风景资源特质。因此，作者采用风景特质识别方法，对山岳的典型自然与文化要素进行提取与聚类，从而识别不同类型的风景特质区域，在深入理解中国山岳保护地机制的基础上，提出关于崂山风景资源管理的空间路径和公众参与者视角，结合地域性和时代性的双重视角，契合山岳本身的自然生态环境和历史文化氛围，对崂山风景资源的两个保护对象，即乡村聚落和风景遗产，进行了详细的分析，进而提出了崂山风景资源管理与保护策略。其理论观点与研究模式不仅为崂山风景资源的活化保护提供了新的思路和方法，而且对现有名山风景资源分类思路和保护管理方式具有重要的指导作用与学术意义。

本书作者取得了一系列丰硕的理论研究成果，部分已应用于实践中（如武当山、泰山、崂山的管护实践）。这本论著是其重要的理论成果之一，尽管本书可能还存在一些不完善之处，敬请批评指正。期待能够激发读者的兴趣，有更多的同仁们参与到中国名山风景资源的研究中来，能够在对比中西方风景哲学思想的同时，回归到本土的中国山岳文化体验中。

青岛理工大学建筑与城乡规划学院名誉院长、教授、博士生导师

山东省建筑工程大师

前　言

　　中国名山"人与天调"的风景系统代表了我国独有的山岳文化现象和山水相融的总体特征，名山风景系统整体不仅包含名胜古迹的优质资源，还包含了城景融合的整体空间形态及其形成的内在逻辑。因此，对于名山自然和文化资源的分类与保护不能囿于优质资源的分类分级，而应以厘清名山风景的空间形态、洞悉根源性的社会组织关系为主体目标。为此，本书通过分析不同地域风景资源分类体系的方法和特点，反思了现有风景资源分类思路缺乏整体性的问题，选取崂山为案例，探索了风景资源整体保护的策略，以期对现有名山风景资源分类思路和保护管理方式进行完善。

　　中国山岳是"自然与文化高度统一"的国家遗产，是历时性和共时性影响下的有机整体，蕴含了我国传统的山水思想。山岳型风景名胜区是我国自然保护地体系的重要组成部分，2019年国务院印发《关于建立以国家公园为主体的自然保护地体系的指导意见》，明确强调我国自然保护地（如山岳保护地）需考虑科学化和精细化的管理与保护方法。故此，如何划分山岳保护地的外部管理边界、图绘其山水空间格局、保护其层积性演变过程，是本书重点阐述的内容。

　　本书在国家自然科学基金项目：面向生物文化多样性管理的山岳保护地风景特质识别方法（52008217）和教育部人文社科基金项目：时空完整性视野下中国名山世界遗产地的风景特质图谱分类及保护研究（20YJC760139）的基础上，探索了国家公园体制背景下崂山风景资源管理与保护的路径。首先，本书梳理了中国古代以舆图形式记载的山岳图谱，分析了山水舆图的历史信息并转译为可读图谱，梳理了近30年中国山岳发展历程以了解中国山岳保护地的历史背景。其次，本书立足于滨海山地人居环境，在充分理解中国山岳保护地机制的基础上，提出了崂山风景资源管理的空间路径和公众参与者视角。进而，本书对崂山风景资源的两种保护对象（乡村聚落和景观遗产）进行了详细分析，提出了村景共生和遗产游径的差异化保护策略，为崂山风景资源遗产的活化保护提供思路。最后，本书总结了崂山可居可游的风景资源体系特征，构建了崂山"空间管理—对象保护—全域风景"的风景资源管护框架，以期为崂山提供风景资源可持续保护与发展路径。

本书从认识论层面全面认知了中国名山的风景资源保护历程，从方法论层面有助于完善国家公园体制下的山岳保护地管护理论体系，从实践层面可以补充针对崂山特定地域的管理保护方略。因此，本书对现有名山风景资源分类思路和保护管理方式具有重要的指导作用与学术意义。

黄欣怡参与本书第 1 章、第 2 章、第 3 章部分内容撰写，蒙艺萍参与本书第 4 章部分内容撰写，赵怡钧参与本书第 5 章部分内容撰写，刘心宇参与本书第 1 章、第 6 章部分内容撰写，于倩参与本书部分文字及图片编辑。

书中未标注来源的图片及表格均为作者自摄或自制。

目 录

第1章
概述

1.1 中国名山胜概及山岳风景保护历程

中国的地形以山地和丘陵为主，天人合一的思想深刻地影响了名山地理和文化空间的形成和发展。中国名山是我国独有的山岳文化现象，代表了我国人与天调的自然观，集中在汉地佛教和道教盛行的地区。中国名山不仅维系着良好的自然山岳环境，并且作为宗教活动（佛教、道教）的基地蕴藏着丰富的文化内涵。截至 2022 年，我国有 54 处名山风景区，其中 10 处名山风景区列入世界遗产地。

西方学者在百年前就关注中国的名山，很多汉学家较早注意到中国的"圣山""神山"现象以及中国传统文化中有宗教含义的山岳景观。其对中国的名山研究主要集中于个案，多从宗教、社会以及绘画、文学艺术角度涉及，而国内学者通常从风景科学的角度进行中国名山的研究。通常，中国名山横跨地域广阔，在文化地理格局上，其内部不仅荟萃了山水林田湖草等自然资源形成的天然胜境，还影响了社会演进中城镇、遗址、古迹等文化遗产的层积。中国名山呈现了自然进程和人类活动的互惠关系，具有典型的空间连续性和时间连续性特征，常常覆盖了从古至今层积而成的文化同源区域，且涵盖了中国多个传统文化区域。

周维权先生在 1996 年出版的《中国名山风景区》中提到，名山风景区是经历千百年筛选、淘汰留存下的佼佼者，并结合山岳崇拜、山水审美观念、佛道二教兴旺衰微等因素，从萌芽、发展（魏晋南北朝时期）、全盛（隋、唐、宋时期）、守成（元、明、清时期）四个阶段概括了我国名山风景区的发展历史。谢凝高先生在《名山·风景·遗产：谢凝高文集》中既研究了名山的发展、演变以及"山水审美"，探讨了中国的风景名胜区和国家公园发展对策，又以自己的实践成果研究了泰山、普陀山、王屋山等风景名胜区的资源综合考察与评价，从风景科学的高度对风景遗产的保护和传承提出了建议和设想。

风景科学是研究风景现象与风景资源保护、利用的自然体系和社会体系的综合性学科，其研究领域十分广泛。我国是最早的把名山作为风景资源进行开发的国家。风景资源是以景物环境为载体的，人类实践创造的，有普遍社会价值的财富。风景资源通常包含广义的自然资源、与人类活动相关联的人文资源。在名山风景区语境中，自然资源是名山风景资源的主体，人文资源则是在开发过程中的物质文化的积淀以及与名山有关的人群活动展示。

因此，名山风景区的管护多以名山风景资源的管护为主。现有的风景资源保护方法主要有风景资源评价方法（landscape resources evaluation）和风景特质评价方法（landscape character assessment）。风景资源评价方法自 1999 年《风景名胜区条例》颁布以来已经沿用 30 余年，风景特质评价方法也是从 20 世纪末 21 世纪初开始盛行。虽然不同的风景资源分类方式有所差异，但在总体上呈现了从定性到定量、从分级到分类的综合性和科学性的趋势。这些为崂山风景资源管理与保护策略奠定了基础。

1.2 崂山名山风景资源

1.2.1 风景资源释义

"风景资源"是风景学的概念，泛指能作为"景观/风景"而供人们鉴赏的自然物、自然现象和人文诸要素。通常被列入风景资源的都是那些在历史演变过程中保存或者保留下来的名山大川、江河湖流、建筑组群、遗址遗迹等。而随着研究深入，风景资源具有更多的复合含义，不仅包含代表着自然文化属性的物质要素，那些与自然文化形成过程相关的历史事件、代表人物、题目点景、诗歌乐颂等，也均属于广义的风景资源概念。

古人对风景资源的传统认识与"名山""大川"具有紧密相关性，可以说，古人的风景资源认识论正是古人从山岳崇拜到山岳体系的构建，反映了古人对于名山从宇宙认知到空间利用的转变。风景资源的现代释义是能引起审美与欣赏活动，可作为风景游览对象和风景开发利用的事物与因素的总称，是构成风景环境的基本要素，风景区产生环境效益、社会效益、经济效益的载体。

以保护为目的的名山风景区风景资源研究的文章以硕士和博士论文为主。杜爽通过征引更详细的史料，以 ArcGIS 软件为工具，在历史疆域尺度上试图还原先秦与西汉年间个体自然山岳跃升为宗教名山四大序列的历史过程，发掘中国宗教名山蕴藏的传统知识体系和价值观，为当下宗教名山空间体系的整体保护提供历史理论依据；李凤仪从空间和时间维度对五台山风景名胜区的风景特征、寺庙园林理法和风景文化内涵的形成过程和呈现结果进行分析与梳理，形成佛教名山五台山的人文景观与自然景观的综合研究框架，以指导佛道名山风景名胜区的开发与保护；李占云在对风景名胜区价值进行"再认识"的基础上，分析梳理风景名胜区景源的本体价值要素，将精神价值纳入整体价值评价体系中，以期望评价结果可以应用于其保护规划实践。

工业革命兴起后，人类社会前进的步伐不断加快，为了建设发展而无序地开发掠夺环境资源，大量的土地从自然原始的状态转变为大力开垦的地区，风景资源不断消亡。1810 年英国学者提出保护自然资源的思想，主张位于英格兰北部的湖泊地区理应属于国家公共财富。1832 年美国学者撰写了题为《美国野牛和印第安人处于濒危状态》的文章，呼吁保护野牛和印第安人原始、美丽的自然状态。同年，美国阿肯色州（State of Arkansas）建立热泉保护区（Hot Spring Reserve），成为世界上首个自然保护区。1864 年 6 月，美国将优胜美地（Yosemite）流域和加利福尼亚州的马里波萨（Mariposa）巨树森林划为永久公共用地，由加利福尼亚州政府管理，供公众游览和游憩使用。1872 年，世界范围内的第一个国家公园——黄石国家公园诞生，《黄石公园法案》同时颁布。至此，以保护自然资源为目的的国家公园运动在各个国家轰轰烈烈地传播开来。

20 世纪六七十年代，许多国家制定并颁布了一系列保护风景资源的法令，包括《野地法》（美）、《国家环境政策法》（美）、《海岸管理法》（美）、《乡村法》（英）、《自然与环境保护法》（德）等。这些法令的颁布，意味着风景资源地位的上升，与其他能获得经济收益的自然资源一样，都受到了法律层面的保护。然而，在利用法律保护风景资源时，因缺乏价值的衡量标准而导致使用法律武器受挫的现象时有发生。因此，西方国家的生态学家、地理学家、心理学家和行为学家等不同专业的学者开始运用各自擅长的领域对风景资源进行评价，以期更好地保护风景资源。

中国对自然风景的情感起源最早可以追溯到古人原始的自然崇拜，随着朝代的更迭，还融入了"天人合一""寄情山水""君子比德"等思想而进一步发展，形成了一系列著名的风景游览胜地。但此前的自然意识仅停留在对风景资源的欣赏阶段，并未认识到风景资源的重要性。国家层面真正认识到风景名胜资源的重要性并提出对其加强保护管理是在1978 年召开第三次全国城市工作会议之时，会议强调要加强名胜、古迹、风景区的管理，此后中国的风景名胜区工作在全国范围内开展起来，中国学者陆续开始进行风景资源分析和评价方面的研究。

最初的风景资源评价方法以定性评价为主，评价围绕风景资源的物理性质展开。早在1979 年，冯纪忠先生就提出空间旷奥度、形情理神意、意境等风景分析评价标准，而后又进一步指出旷或奥是景域单元或景域子单元的基本特征。谢凝高、孙筱祥和陈有民率先对我国风景类型的直观分类进行了研究，陈从周站在风景美学的角度提出对我国风景名胜区管理的一些看法。

经过前期定性评价的研究之后，风景资源评价开始引入定量分析，最终发展成为定性与定量相结合的科学评价方式。刘滨谊在综合国外相关方法的基础上，建立了景观视觉环境阈值计算、景观生态环境质量评估、景观视觉环境敏感程度和景观视觉环境的景色质量评估等四种类型的评估方法。

1.2.2 崂山的相关研究

1.2.2.1 总体规划

崂山地处青岛市区东北端，在国务院公布的第一批国家重点风景名胜区中，仅崂山紧接大海，拔海而立，是我国海岸风景区的佼佼者。自德占时期开始，崂山经历了百余年的规划历程。

（1）崂山景区建设初具规模

1898 年，德国逼迫清政府签订中德《胶澳租借条约》，将白沙河以南、砖塔岭以西的崂山地区划入租借地。德国侵略者的规划集中在青岛市区，对崂山的规划集中在山庄旅馆、对外交通和游览路线等方面。

1931 年，沈鸿烈就任青岛市市长，亲赴省府申请崂山新区划，于 1935 年将属即墨县崂山东部主要山脉全部划归青岛市管辖。至此，崂山整体区域归属青岛，并将崂山风景旅游开发纳入城市建设的总体规划。

（2）崂山进行首次系统性规划

1986 年《青岛崂山风景名胜区规划》（以下简称"1986 版《崂山规划》"）是崂山风景名胜区史上第一次有针对性、全面系统性的规划，崂山风景名胜区被定义为"以山海奇观和历史名山为风景特征，可供欣赏风景、游览观光、度假康复，以及开展部分科学文化活动的国家重点风景名胜区。"

首先，20 世纪 70 年代后期到 80 年代中期，在吸收国外国家公园规划理念的基础上，我国开始了真正的现代风景名胜区规划探索。其内容侧重风景游览、景点组织或游览服务设施等方面。1986 版《崂山规划》确定了崂山风景名胜区的基本结构由三大分区（风景游览区、风景恢复区与外围景点区）和三个系统（风景点系统、旅游点系统与居民点系统）综合组成。地域特征的分区和功能性质的网络之间的协调结合，综合形成了崂山风景名胜区的整体有机结构特征。

其次，不仅局限于崂山风景名胜区，我国编制了《青岛崂山风景名胜区域规划大纲》，整个风景名胜区域由青岛海滨和崂山风景名胜区两部分组成，以崂山为主体，沿黄海之滨呈带状向西延伸至琅琊台，将青岛沿海 6 个相对独立的风景名胜区组成了一个有机整体，带动了沿海风景区的整体发展。

（3）崂山风景名胜区总体规划

面对 20 余年崂山风景名胜区的变化，我国对崂山风景名胜区提出了新的规划编制与管理要求，编制了《崂山风景名胜区总体规划（2010—2025）》。①将崂山风景区的性质确定为"以山海奇观和历史名山为风景特征，可供欣赏风景、游览观光、休闲度假及开展相关科学文化活动的国家级风景名胜区"，将"度假康复"转变为"休闲度假"。②景源评价分级，将崂山风景资源分为特级、一级、二级、三级、四级等 5 级，对所选的 247 个景点采取定性概括与定量分析相结合的方法进行评价。③根据崂山风景区风景、旅游、社会的功能需要，对风景区进行功能区划，分别为风景游览区、风景恢复区、风景协调区、旅游服务基地、近海岛屿等 5 类功能区、点。④立足崂山风景区整体功能分区与不同景源类型，采用分级与分类保护相结合的措施。⑤基于当前实际，增加了《居民点调控、建设与经济发展引导规划》和《土地利用协调规划》等专项规划，充实了总体规划的内容，提高了总规对相关专项规划的指导效力。

1.2.2.2　崂山相关书籍

历史上关于崂山的论述集中在志书古籍方面（图 1-1）。黄宗昌（1588—1646 年）字长倩，号鹤岭，明末清初即墨人。黄氏父子合著的《崂山志》（1657 年）是第一部全面记述崂山的志书。《崂山志》自问世以来，迄今已有 8 种版本：嘉庆本（1808 年）、民国五年本、民国二十三年本、文海本（1961 年）、《藏外道书》本（1992 年）、香港新世纪本（2003年）、手抄本（2007 年）、孙克诚注本（2010 年）。其中，晚出的手抄本是母本。然而就流行之广和版本价值而言，当首推民国二十三年本。手抄本、民国五年本及嘉庆本也都各有其版本价值。

《崂山志》问世后，不断有人推出续作。主要的续书约有 6 种：黄肇颚《崂山续志》（1908 年）、周至元《崂山志》（1940 年）、蓝水《崂山古今谈》（1985 年）、《崂山县志》（1990 年）、《青岛市志·崂山志》（1996 年）、《崂山简志》（2002 年）。此外，清代即墨人周荣珍所撰《鳌山志略》一卷，约成书于同治年间年，可惜该书已佚。另有，胶州人王葆崇撰《崂山金石录》一卷、《崂山采访录》一卷。其中，以黄肇颚《崂山艺文志》和周至元《崂山志》最为著名。

另外，民国二十三年即墨黄敦复堂再版黄宗昌《崂山志》时，周至元《游崂指南》被附于书末。《游崂指南》按游山路线对崂山自然景观进行了全面的介绍，与之相配合的还有《名胜题味》，汇集了从李白到康有为等历代诗人题咏崂山的各体诗歌 46 首。

对于黄宗昌《崂山志》与其他《崂山志》的比较研究，史通学指出："周志是黄志之后第二部全面记述崂山的志书。"周氏酷爱家乡山水，对崂山景物十分熟悉，"故能言之确确"，加以文笔流畅，使志内容与体例方面均超过黄宗昌的《崂山志》；刘洵昌认为，黄宗

图 1-1　崂山相关书籍

昌《崂山志》"文字雅洁，结构缜密，而且提纲挈领，条理清楚。录有古迹名胜甚多，堪作旅游指南，崂山文献多数赖此志以存"；李偲源《历代崂山山志书评》一文对历代崂山志书作了简单的评述，认为黄宗昌《崂山志》"文字雅洁，结构严密"，"因其辑存了有关崂山的许多有价值的宝贵史料，而成为今人认识崂山和研究崂山的重要典籍"。同时崂山许多摩崖、碑刻在战乱中被毁，而"周至元收录的这些诗歌文稿却为今人研究崂山提供了重要的资料"。

崂山现状研究主要来自中国的学者，研究内容主要集中在崂山风景名胜区的规划、旅游、与乡村城市协同发展和生态环境四个方面。规划研究分为风景区规划和村庄规划，风景区规划主要讲述崂山风景名胜区自古以来的规划历程，村庄规划探索在风景名胜区内实现乡村振兴的方法策略；旅游研究提供了计算旅游环境容量的方法；与乡村城市协同发展研究多为提供融合发展策略；生态环境研究侧重风景名胜区边缘地带生态系统的类型、特征与优化利用。

综上所述，历史上对崂山的探索多集中于对其山水胜迹的描述，近年来对崂山的调查趋向于规划建设方面，而现状研究越来越多地运用更加科学的公式方法，未涉及在整体视角下对崂山风景资源的认知保护以及崂山生态环境和旅游发展的协同性研究。因此，在国家公园体制的时代背景下应做进一步深入研究。

本书基于《崂山风景名胜区总体规划（2010—2025）》图示规划内容，借助现有《崂山志》以梳理自然文化系统，绘制风景资源研究历史图谱，针对目前崂山风景资源的认知保护研究，运用风景特质识别方法整体识别崂山自然与文化资源，得出客观视角的崂山风景资源分区。另外，在每一个区域内应用问卷调查的公众参与者的研究方法，主观探究崂山旅游规划与管理中的问题，以期在生态保护与旅游发展的视角下全面认识与保护崂山风景资源。

第 2 章
崂山风景营建考

崂山的风景系统由自然系统和文化系统构成，自然系统是由山体、河流、植被、气候等构成的自然动态系统，文化系统是历史发展过程中出现或选择形成的乡村聚落、遗址等和相关事件产生的地域风俗等人类关联系统。

2.1 崂山的自然系统

名山由众多不同形色的山体组成，山体高低错落、形态各异，其中最高峰称为主峰，最高峰的高度为名山的高度。崂山主峰是巨峰，海拔为 1132.7m，即崂山的高度。中国名山的海拔高度由东向西逐级递增。根据地理学标准划分，崂山属于中山型；根据风景学角度来衡量，崂山属于高山型（表 2-1）。

名山海拔分类标准 表 2-1

分类标准	海拔高度	山岳类型	分类标准	海拔高度	山岳类型
地理学标准	500~1000m	低山	风景学角度	150~350m	低山
	1000~3500m	中山		350~1000m	中山
	>3500m	高山		>1000m	高山

山体由地球地壳隆起的岩石组成，岩石隆起是由地壳的构造运动和流水、风化、冰川等的侵蚀作用造成。名山风景区的山体按照岩性区分可以归纳为火成岩山体、水成岩山体、变质岩山体和其他岩质的山体 4 类。最常见的火成岩山体是花岗岩，是中国大陆分布最为广泛的地貌，如华山、衡山、普陀山等。崂山地区的地质构造与地貌关系不大。崂山的地质属于断块隆起，以北东向的断裂为主，其次是北西向。地貌分为上下两层，以时间为分割线。上层山峰在 1 万多年前的末次冰期形成；下层花岗岩地貌在 1 万年冰后期形成。另外，崂山山体由于气候条件的影响，岩石球状风化明显，形成奇特的绝妙石景。

崂山优越的自然环境不仅取决于地质，还有一大部分因素来源于沿海条件。因此，崂山的自然环境整体呈现出由东向西的过渡性变化。山区东部降水较多，常年气候湿润，中部降水适中，形成半湿润温和区，植被分布为暖温带落叶阔叶林区。温暖型植被分布在太清宫周围，干旱型植被分布在太清宫西侧的沙子口周围。另外还有阴湿型和半湿润型植被分布在崂山阴坡和西部丘陵地区。因山体延伸入海，沿海区域还呈现出丰富的海蚀岩等景观。

2.2　崂山的文化系统

文化系统是历史发展过程中出现或选择形成的乡村聚落等人类关联系统。自然生态的差异决定了崂山人群生活生产方式的不同，人们充分利用居住地的现有资源组织生活的框架。正是这种人与生态互惠互利的良好关系，崂山的文化系统得到了逐步的发展。

张子瞀在"崂山空间格局的形成与演变"章节中记载了崂山乡村的经历：1992 年青岛市政府决策对东部进行开发，目的是扩展东部地区的城镇化发展；1993 年崂山乡村因生态保护机制没有被纳入城镇化区域；20 世纪 90 年代末之后，崂山区周边的李沧、即墨区等相继进行城镇化建设，而崂山乡村得以保留，并且以"城中村"为特色延续。崂山区有辖中韩、沙子口、王哥庄、北宅、金家岭等 5 个街道办事处，每个街道处都分布着丰富的自然与人文资源。例如，王哥庄街道处有太清宫、华严寺等建筑遗址，人群活动有基督教文化传播等；沙子口街道有天门涧、流清涧，人群活动有沙子口鲅鱼节、崂山大秧歌、梅花长拳等；北宅街道有大崂观、神清宫，人群活动有北宅樱桃节、民间游戏、碰石头传说、玉屏传说等。崂山丰富的文化资源与人群活动空间息息相关，具体体现在乡村、遗址、山体、水库和公园等处（图 2-1，表 2-2~ 表 2-6）。其中选取崂山的自然和文化资源丰富的乡村列入代表名录，乡村、遗址、水库依据《青岛崂山风景名胜区总体规划（2021—2035）》确定，山体、公园通过实地调研确定地理位置。

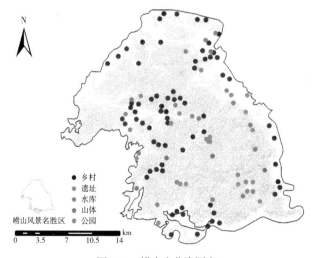

图 2-1　崂山文化资源点

崂山乡村名录　　　　　　　　　　　　表 2-2

序号	名称	序号	名称
1	凉泉村	39	埠落村
2	秦家土寨村	40	五龙涧村
3	港西村	41	五龙村
4	黄山村	42	上水峪村
5	港东村	43	马鞍子村
6	晓望村	44	青峪村
7	峰山西村	45	雕龙嘴村
8	埠落村	46	青山村
9	纸房村	47	慕武石村
10	后庄村	48	观崂村
11	李辛村	49	青峰村
12	傅家埠村	50	宫家村
13	东铁骑后村	51	超然村
14	东宅子头村	52	霞沟村
15	冷家沙沟村	53	棉花村
16	后古镇村	54	书院村
17	王家泊子村	55	科埠村
18	王家曹村	56	大桥村
19	段家埠村	57	西台村
20	小河东村	58	东台村
21	华阴村	59	张家河村
22	河崖村	60	唐家庄村
23	南北岭村	61	庙石村
24	东乌衣巷村	62	常家村
25	大崂村	63	东麦窑村
26	孙家村	64	书院村
27	卧龙村	65	囤山村
28	西乌衣巷村	66	黄泥崖村
29	我乐村	67	解家河村
30	北头村	68	西山村
31	书院村	69	姜家村
32	晖流村	70	东九水村
33	张家村	71	西九水村
34	燕石村	72	西登瀛村
35	蓝家村	73	岭西村
36	毕家村	74	双石屋村
37	枣行村	75	棉花村
38	华阳村		

崂山遗址名录 表2-3

序号	名称	序号	名称
1	太清宫	15	荒草庵
2	太平宫	16	塘子观
3	上清宫	17	凝真观
4	明霞洞	18	神清宫
5	关帝庙	19	大士寺
6	白云洞	20	大崂观
7	明道观	21	福泰庵
8	蔚竹庵	22	白云庵
9	华楼宫	23	铁瓦殿遗址
10	太和观	24	驱虎庵
11	沧海观	25	响水庵
12	华严寺	26	石门庵
13	康有为墓	27	白龙洞
14	青岛朝连岛灯塔	28	苏氏祠堂

崂山山体名录　　单位/（°） 表2-4

序号	名称	经度	纬度	序号	名称	经度	纬度
1	崂山	120.625651	36.19066	4	莲花山	120.522326	36.140837
2	围子岭	120.551132	36.189515	5	黄山	120.697178	36.173816
3	五子顶	120.505912	36.166385				

崂山水库名录　　单位/（°） 表2-5

序号	名称	经度	纬度	序号	名称	经度	纬度
1	崂山水库	120.515876	36.256976	8	四水水库	120.605924	36.233784
2	流清河水库	120.625354	36.141691	9	大石村水库	120.564799	36.189589
3	东台水库	120.612706	36.321959	10	东陈水库	120.521806	36.188178
4	张家河水库	120.62344	36.30984	11	洪园水库	120.526472	36.195702
5	姜家村水库	120.641054	36.266712	12	石门水库	120.514883	36.22204
6	晓望水库	120.652673	36.251462	13	登瀛水库	120.577672	36.161627
7	三水水库	120.597798	36.23735	14	大河东水库	120.581801	36.1589

续表

序号	名称	经度	纬度	序号	名称	经度	纬度
15	董家埠水库	120.549573	36.136571	18	孙家南山水库	120.575741	36.247528
16	午山水库	120.509851	36.123861	19	白云洞水库	120.677215	36.224516
17	泉心河水库	120.681809	36.197928	20	龙潭水库	120.667706	36.146284

崂山公园名录　　单位/(°)　　　　　　表 2-6

序号	名称	经度	纬度	序号	名称	经度	纬度
1	沙子口湾滨海绿带	120.545839	36.121432	2	王哥庄滨海绿地	120.65902	36.274005

另外，崂山区有丰富的社会经济资源。崂山的第一产业是茶叶（图 2-2、图 2-3），青山村、雕龙嘴、返岭村的茶叶种植较发达；第二产业为水产，以本土资源加工为主，分布在沿海区域；第三产业是服务业，主要为餐饮业和旅游业；最后还有农家乐、海产品加工等特色产业。

图 2-2　崂山茶田

图 2-3　崂山叶售卖点

2.2.1　崂山风景名胜区历史总体规划评析

2.2.1.1　1986 年版总体规划

1986 年版《青岛崂山风景名胜区规划》（简称 1986 版《崂山规划》）于 1993 年经建设部批复实施，规划中的整个青岛崂山风景名胜区域包含崂山、石老人礁岩、市南海滨、薛家岛沙滩 4 个景区，规划面积 479.9km²；崂山景区包括沙子口、王哥庄、北宅、夏庄、惜福镇等 5 个街道办事处的全部辖区，总面积 446km²，其中核心景区包括巨峰、太清、仰口、北九水等风景游览区，面积161km^2。1986年版总体规划是崂山风景区的第一个总体规划。该总体规划在大量调查、深入分析和广泛征求意见的基础上，对崂山风景区风景资源保护和开发利用做出了科学的规划。

2.2.1.2　2010年版总体规划

2010年版《崂山风景名胜区总体规划（2010—2025）》（简称2010版《总体规划》）于2014年对外进行公示，该规划期限为2010—2025年。此次崂山风景名胜区总体规划遵循保护利用、城景协调、统筹发展等原则，根据实际需要划分为近期2010—2015年，中期2016—2020年，远期2021—2025年。规划具体内容包括风景资源评价，现状分析与规划对策，功能区划与职能结构，保护培育规划，风景游赏规划等15个方面。

2.2.1.3　2010年版规划与1986年版规划对比分析

1986年版崂山风景名胜区的规划制定于20世纪80年代，是现代首个针对崂山风景名胜区的专业性系统规划，该规划有力地指导了30余年来崂山风景区的保护、管理和建设，并具有较强的前瞻性，编制的《青岛崂山风景名胜区域规划大纲》提出了"青岛崂山风景名胜区域"的概念，以崂山为主体，将其与石老人、市南海滨、薛家岛、灵珠、琅琊台等5个相对独立的风景名胜区组合成起来，形成一个以崂山风景名胜区为核心，沿海岸呈带状向西南延伸的整体风景名胜区域，为青岛沿海各风景区的协同发展提出了创新构想。然而，由于当时国家层面对于风景名胜区的规划尚未形成较为规范的统一标准，该版总体规划受到时代局限性的制约，在规划细节和具体实施方面相对较为简单。随着社会经济的不断发展，国家对风景名胜区保护和开发等方面制定了的详细规范。特别是2006年颁布的《风景名胜区条例》为风景名胜区的管理和发展提供了法律依据，根据该条例，青岛市启动了新一轮崂山风景名胜区总体规划的制定工作，编制了2010年版总体规划。相比首次系统规划，2010年版总体规划在风景名胜区的性质定位、景源评价、功能区划分、保护规划约束、联动指导等方面实现了转变和提升。

2.2.2　崂山风景名胜区最新版总体规划评析

我国风景名胜区总体规划经历了持续40年的实践与研究，已经形成较为成熟的技术框架，但在中国生态文明建设的新时代，随着2019年中央印发的关于国土空间规划中"三区三线"的指导意见出台，以国家公园为主体的自然保护地体系建设也开始推进，风景名胜区及其总体规划需贯彻国家发展新思想、新理念，适应新的管理要求，与时俱进，不断变革。

2.2.2.1　2021年版总体规划

2021年版《青岛崂山风景名胜区总体规划（2021—2035）》（简称2021版《总体规划》）修编从全局角度，针对青岛海滨风景名胜区域与青岛崂山风景名胜区的关系及其规划建议提出观点与论述。根据青岛崂山风景名胜区实际发展要求，此次规划分为两个时期：

近期 2021—2025 年，远期 2026—2035 年。近期实施重点包括：通加强风景名胜区生态环境的保护、培育与治理等，编制各景区和集中建设区域的详细规划，加强风景名胜区的游览线路组织，开拓海上游线，完善智慧景区建设。

2.2.2.2　2021 年版总体规划的变革特征

在新的时代发展背景下，自然保护地体系成为我国生态文明建设的核心载体，全域旅游和文旅发展等产业概念方兴未艾，2021 版《总体规划》也延续了《青岛崂山风景名胜区规划》中提出的"青岛崂山风景名胜区域"的概念，将崂山、石老人礁岩、市南海滨、薛家岛沙滩一并作为国家级的青岛崂山风景名胜区的组成部分，并延续保持了田横岛、崂山、小珠山、大珠山、灵山岛、琅琊台等风景区，为与青岛城市总体规划相衔接，2021 版《总体规划》提出，应在上版规划提出的青岛崂山风景名胜区域的基础上，进一步发展，编制青岛市域风景名胜区体系规划。

2.2.2.3　2021 年版规划与以往规划对比分析

以往的总体规划在其所属时代环境中对崂山风景区风景资源保护和开发利用做出了科学的规划，对明确目前青岛崂山风景名胜区的范围边界、总体布局和风景资源保护要求具有重要意义。然而也存在一定的历史局限性，原有规划在同现今风景区规划编制要求方面以及在适应当前的风景区政策要求方面还存在一些不足，在落实和发展过程中产生了相应的问题。2021 版规划的上一版是 2010 年版本，2021 版规划在整体结构和具体细节上都与以往规划有一定变化，由于 2021 版《总体规划》中提出了"青岛崂山风景名胜区域"的概念，总体规划范围有所扩大，为保证对比分析的准确性，本书在进行分析时仍选取崂山风景区这一核心片区进行比较。以下是对两个版本总体规划的分析评价。

2.2.2.4　整体结构变化

（1）分类更为准确。

2010 版《总体规划》将风景名胜区整体划分为风景游览区、风景恢复区、风景协调区、海岛、外围保护地带、水体（海域）6 个区域类型；2021 版《总体规划》在此基础上进一步细分调整，根据青岛崂山风景名胜区的资源类型、地域特征和风景游赏、保护、建设、管理等需要，从功能区划上将风景名胜区分为风景游览区、风景恢复区、发展控制区、旅游服务区（基地）、海域海岛等 5 类功能区，并增加外围保护地带（陆域）和外围保护地带（海域）两类保护地带类型。通过规划总图可以看出，2021 版规划将原有的风景协调区归入外围保护地带并扩大范围，将原有部分风景恢复区调整为发展控制区，新增旅游服务区等。区域类型的细分有利于保护风景区及周边的整体环境，明确风景名胜区发展建设与旅游服务的具体要求，完成风景区核心区域向周边城市建设范围的协调过渡。

（2）边界优化调整。

2021 版《总体规划》确定的风景游览区是在上版规划的基础上对华楼景区进行小范围边界调整，规划面积 148.58km^2。风景恢复区是在上版规划的基础上局部缩小，将村庄、耕地、园地等涉及生产生活的区域划出，以协调居民生产生活与风景保护恢复的关系，主要是给规划期内不开展游览的山林地，规划面积 117.64km²。风景协调区是村庄、耕地、园地相对集中的区域，也是发展控制区，规划面积 64.07km²。旅游服务区包括九水、华楼两处旅游服务村及其他规划有床位的旅游服务点，规划面积 2.28km²。海岛功能区 15 处，总面积 3.62km²。其中长门岩岛、大管岛、小管岛，马儿岛、兔子岛、狮子岛是 2010 版《总体规划》的外围景点区（独立景点），本次规划将作为景点的岛屿同非景点岛屿一并作为风景区景观资源进行相应的保护与利用。海域功能区包括近海的沙滩、礁岩等，面积 5.59km²。一是作为海岸资源的保护区，同时也是依规建设游船码头、开展海上游览活动的支撑区。

2.2.2.5　资源分级保护变化

分级保护是侧重青岛崂山风景名胜区管理和整体分区布局的特点，同时结合《山东省风景名胜区条例》分级保护规定，将风景区全部用地范围划分为一级、二级、三级保护区 3 个层次，实施分级控制保护，并对一级保护区实施重点保护控制。

（1）一级保护区区划（核心景区——严格禁止建设范围）

一级保护区陆域面积 89.34km²。涵盖了风景游览区中风景资源最为集中的山体、山峰和峰岭，山海景观突出的海岸岬角、半岛、海湾和所有无居民海岛。一级保护区海域面积 5.43km²，涵盖了 37 所有沙滩、基岩的自然岸线。一级保护区内风景资源占了风景区的绝大部分，其中包括了全部特级景点、绝大部分一级、二级景点和大部分三级、四级景点。

（2）二级保护区区划（严格限制建设范围）

二级保护区陆域面积 63.5km²，主要是风景游览区内风景资源密度较低的区域，以及有村庄分布但又需要进行活动管控的部分自然岸线和有居民海岛。二级保护区海域面积 0.53km²，以现状人工岸线为主，规划布局游船码头等水上设施。2021 年版规划的一级、二级保护区主要从 2010 年版规划的核心保护区（一级保护区）中拆分而来，且总体范围缩小。

（3）三级保护区区划（限制建设范围）

三级保护区面积是 183.33km²，其范围分布在一级、二级保护区外围，包括了旅游服务区、村庄农田分布密集的发展控制区和部分风景恢复区。2021 年版规划中的三级保护区范围主体来源于 2010 年版规划中的二级保护区和部分核心保护区，针对该区域的建设限制相对最小，可结合第三产业的发展、旅游服务设施的安排，统筹用地规划，优化建设布局。

（4）外围保护地带控制

2021 年版规划中的外围保护地带包括陆域和海陆两个部分，是为与国土空间总体规划相协调而制定的。崂山风景区外围保护地带（陆域）主要是在风景区范围以外崂山余脉的山体范围和山麓平原地带的部分城镇建成区，总面积为 217.37km²，范围主体来源于 2010 年版规划中的三级和四级保护区（外围保护地带）。其目的是维护山体的完整，保护风景区及周边的整体环境，协调风景区周边城市建设与风景之间的关系。外围保护地带（海域）范围基本来源于 2010 年版规划中的海域保护区——沿崂山风景区周边第一重海岛外部约 500m 界线以内的海域地带，作为崂山风景区的外围保护地带（海域）范围，面积 211.13km²。其目的是更好地维护崂山风景区近海水域的景观，更好地展现海湾、海岸、岬角、岛屿等海滨景观，有利于发展山海一体的游览活动。

2.2.3　崂山风景名胜区总体规划历程与趋向总结

纵观崂山近四十年的规划历程，不难发现崂山风景名胜区的总体规划一直走在从局部到整体、从个体到系统、从粗放到细致的完善之路上。通过对 1986 年以来 3 版《总体规划》的对比评析，发现崂山风景名胜区总体规划与管理实施上有两个尤为明显的进步：一是景区的分区规划类别不断细分、景区资源分级和保护更加科学；二是游赏规划、设施规划、居民点协调发展规划、国土空间规划协调等具体落实指导层面考虑更为完整、细致。同时，历次总体规划中始终难以改进的现实问题同样不容忽视：一是历次总体规划都将崂山风景区的实体资源置为主要关注对象，重点针对其进行游赏开发和物质建设，而缺乏对景区非物质文化遗产的系统保护规划，从而导致景区服务设施建设过度，部分景区有"形"而无"神"，大有景色"人工化"的趋向；二是从历史和现实情况来看，崂山风景名胜区中条件最佳、最负盛名的景点大多分布在资源分级保护中的核心或一级保护区范围内，而这类区域向来是对生产生活建设和游览等活动控制最为严格的区域。如何平衡人民对于景区中最佳资源的天然向往和利用需求，与严格保护的规划要求之间的关系，实现风景区最佳资源的可持续发展，有待于规划制定者与地方政府、游客等公众参与者共同商讨，以实现未来总体规划的科学制定与有效落实。

当前，国土空间规划的整合统一与自然保护地体系建设正在我国各地如火如荼地进行，风景名胜区作为空间类型最为丰富、涉及人群最为多样的复合空间环境，也是最具中国文化特色的自然保护地类型，为适应国家新发展理念和管理要求，需要通过一些新的视角进行规划完善。目前国内一些专家学者提出了具体的探索方向，一是从生态文明视角，统筹山水林田湖草系统保护；二是从文化自信视角，保护传承历史文化遗产；三是从自然保护地体系视角，明确风景名胜区的功能定位；四是从国土空间规划视角，衔接两规编制要求；五是从管理视角，推动规划解决实际难题。未来，期望风景名胜区依托其独特的自然与文化资源，瞄准其自然与文化相融的文化景观、体现山水审美的综合自然景观之定位，以保护利用作为优先管理目标，发展成为新时期自然保护地体系中最具中国特色的一类奇葩。

2.3 崂山游览风景概述

　　众所周知，中国古代风景园林发展从敬畏自然、顺应自然的营建思想，进一步发展到再现自然山水的营建体系，其中，山水名胜是风景所指的主要内涵。古代文人从对大山大水的崇拜，到远足寄情山水，进而促发大量的游赏、营建活动。另外，村落的选址与山水环境的息息相关，大多选在自然资源丰富的区域。《崂山志》有言："崂之胜也，高与为高，大与为大，朴与为朴，秀与为秀。幽倩夷险，入其中而静观不妄，具自有之色象。即一域而造物之蕴，足证俯仰"，表明了崂山得知于天的高、大、朴、秀之气被放置于此，如今形成基于自然环境，融入人文资源等因素的崂山游览风景营建。具体可以体现在崂山风景游览区（表2-7）和村落等选址和规划过程中，游览区的边界范围依据《青岛崂山风景名胜区总体规划（2021—2035）》规划总图（崂山风景区）——风景名胜区界限，村落的选址位置依据《青岛崂山风景名胜区总体规划（2021—2035）》规划总图（崂山风景区）——居民点协调发展规划图。因此，崂山游览区选取巨峰游览区、太清游览区、华严游览区、仰口游览区和九水游览区，村落选取青山村、黄山村、大石村为例进行概述。

崂山风景游览区列表　　　　　　　　表2-7

序号	游览区名称	游览区面积/km²	游览区区位	游览区内风景资源示例
1	巨峰游览区	8.15		黑风口景点　　明霞洞遗址
2	登瀛游览区	26.13		西登瀛村　　登瀛水库
3	流清游览区	16.72		流清涧　　山谷景观

续表

序号	游览区名称	游览区面积/km²	游览区区位	游览区内风景资源示例	
4	太清游览区	19.53		太清宫	青山村
5	华严游览区	21.89		华严寺	棋盘石
6	仰口游览区	24.24		太平宫	白云洞
7	九水游览区	20.98		蔚竹庵	双石屋村
8	华楼游览区	24.68		华楼宫	崂山水库

　　崂山最高处位于巨峰游览区，俗称"崂顶"，高度达 1132.7m，是我国大陆海岸线上最高峰。因巨峰崂顶海拔高，景色壮美，吸引了众多游客。据此，崂顶八九百米处为游客打造了一条环山道路，此处可尽览崂山山海景色。同时，环山道路设有 8 个山门，对应 8 个山口，是古代先人与大自然鬼斧神工之作。另有传说，人们登上巨峰即意味着一生身体强壮、幸福安康，巨峰因此成为登高祈福的绝佳地。

太清游览区是以太清宫、龙潭瀑、上清宫等景点为主的一带群山。太清游览区的最高峰为土蜂顶，其次是蟠桃峰和蛔蛔笼顶，太清宫位于两山峰之间，呈三面环山、一面临海的地势；河流以八水河为主，以上清宫为源头，流入龙潭瀑，最终汇入黄海；太清游览区属于暖温带海洋性季风气候，冬暖夏凉，温和湿润；土壤主要为盐土，适合种植杜鹃、栀子花等植物。太清游览区山势雄伟、山海互映，为展现丰厚的道教文化，后人在依山面海的半山腰修建了老子像，使游客在山下可以尽览这一壮观的景象。此处游览步行道贯穿其中，由于步行道两侧景观品质极佳，为迎合两侧景观，景区道路的修建分别以不同的材质来匹配不同的景观。太清游览区集合了众多古树名木，极具观赏、研究和文化价值，因此修建太清宫时特意将古树名木置于院内，在展示的同时可以起到很好的保护作用。宫观的择址也是在地理、环境因子的影响下逐步形成的。另外，龙潭瀑景点的出现源于 30m 的悬崖峭壁，水流从高处的悬崖上垂直而下，无论是声音还是景色都是吸引游客的绝佳特色。景区游览路线是与自然环境有机结合的直接体现，景点通常以突出的自然资源或文化资源为依据，保证景区的特色和质量。

华严游览区位于崂山风景名胜区的东部沿海位置，南部衔接太清游览区、北部紧靠仰口游览区，西部可通达巨峰游览区。华严游览区是崂山唯一一处佛教游览区，以华严寺、那罗延窟、法显雕塑等罕见的非对称式佛教建筑为名，是中华螳螂拳的祖庭。另外还有棋盘式、明道观等景点和泉心河水库。华严寺位置东临大海，南、北、西三面环山，佛教文化造就古朴典雅氛围。

仰口游览区位于崂山风景名胜区的东部，华严游览区的北部。仰口游览区背依群峰仙山，面朝碧波黄海，其自然资源奇特、人文资源荟萃，历史文化悠久，自古有"仙山胜境、洞福地"的美誉。仰口游览区以太平宫为文化核心，以华盖迎宾、海上宫殿、太平晓钟、狮峰宾日、犹龙道经、仙山寿峰、奇洞觅天、天苑揽胜八景闻名，同时以海湾沙滩作为一休闲度假胜地而闻名天下。

九水游览区之水源自巨峰北侧的天乙泉，泉海拔千米，是崂山风景名胜区海拔最高的泉眼。九水还是被称为崂山母亲河，白沙河的上游，其负氧离子高达 42000 个 /cm³，为国家最高标准的 20 倍，是名副其实的崂山"天然氧吧"。九水游览区以天然画廊闻名中外，秀山丽水、移步异景、山石惟妙惟肖、栩栩如生、流水千回百转、变化无穷。一步一回首，众人已成"画中人"。

青山村位于崂山东麓，太清游览区内，地势西高东低，北、西、东三面环山，南面临海，居民聚居在山谷处，房屋顺山而建，风景绝佳。青山村属暖温带季风气候，受海洋的影响，春冷夏凉、秋暖冬温。黄山村位于崂山华严游览区，东部临海，坐落于昆仑山支脉山脚处。气候宜人、乡风淳朴，地势西高东低、西陡东缓，山脉由西向东延伸入海，海岸线蜿蜒曲折。大石村坐落于崂山西南部，沙子口街道的九水社区，位于九水游览区南侧，登瀛游览区北侧。村子有两百多年历史，被九水河分割成东、西两部分，河流顺山势而下，串联起与大石村相近的其他村落，例如东九水村、西九水村等。

　　古人在乡村风景营建中，习惯将哲学意蕴、文化信念、价值观念最大限度地融入风景空间中，以此形成有空间秩序、文化信仰、乡愁情怀的景观格局。乡村山水环境塑造了有特色的村落空间。人们习惯追求以山水为依据的空间图示，选址通常按照可以"藏风聚气"的山水格局建设，体现"枕山、环水、面屏"的风景理论，追求自然与村落的有机融合。多数沿海的村子，不仅气候湿润、空气湿度大，人们的日常生活、语言、习俗等都与海洋文化产生了联系。例如，青山村信仰海洋文化，修建龙王庙等建筑，进而促成了当地祭拜龙王、举办祭海仪式等民俗文化的产生和发展。崂山湿润的气候也助力了茶文化的发展，在南茶北引的背景下，茶树枝繁叶茂，如今已打造出自己的品牌，居民可以进一步发展茶叶采摘、制作、生产、农家乐等旅游项目。崂山境内水库，可用于农业灌溉和居民饮水，后来因水库周围环境秀美，又开始提供游客观光和钓鱼的场所。

　　乡村营建过程体现了人们因地制宜、山水形胜的传统营建理念，也表现了人们充分的审美和空间认知。因此，乡村整体特点可以概括为三点：一是村落的选址依据，背山面水、傍水而居是村落发展的良好基础；二是文化驱使，独特的文化影响是各村落的特色支柱；三是产业发展，根据当地的自然条件发展适宜的农产品，旅游产业是乡村延续的必要条件。

2.4　崂山风景特质演化

　　风景特质具有时间建构性，风景营建不仅有空间上的变动性，还需要时间来梳理脉络过程。崂山风景特质以自身的自然文化为基底，宗教文化和名人文学强化地域特质，人群带动经济社会发展，铸成了独特的风景特色（图 2-4）。

　　首先，依山靠海、地势磅礴的自然条件是崂山风景营建的基底（图 2-5）。1898 年，白沙河以南、砖塔岭以西的山域划为胶澳租借地；1935 年 7 月，为便于崂山行政管理和城市水源管理，原属即墨县的崂山东部山区划归青岛市。

　　其次，崂山是道教名山，全真北七真涉足崂山，影响颇远。崂山道教在明代达到鼎盛时期，建有九宫八观七十二庵。崂山佛教始于魏晋，东晋法显、明代憨山为崂山开启新的局面，建立华严寺（图 2-6）、石佛寺等。崂山的绮丽景色也吸引了许多帝王、文人墨客、高僧到此，留下了祠堂、诗词、碑刻等文化印记（表 2-8）。

图 2-4　崂山太清宫

图2-5　崂山沿海景观

图2-6　崂山华严寺

崂山宫观名录表　　　　　　　　　　表2-8

分类	具体类型	名称	
宫观寺庵	道宫	太清宫	通真宫
		上清宫	神清宫
		太平宫	黄石宫
		华楼宫	—
	道观	明道观	大崂观
		凝真观	太和观
		塘子观	—
	庵	蔚竹庵	—
		百福庵	—
	洞	白云洞	玄真洞
		犹龙洞	巨峰白云洞
		白龙洞	清风洞
		明霞洞	—
	庙	关帝庙	—
	寺院	华严寺	慧炬院
		法海寺	康公祠
		崇佛寺	精神祠
		潮海院	海印寺
古楼堂·书院	古楼堂	玉蕊楼	太古堂
		镜岩楼	大劳草堂
	书院	华阳书院	青峪书院
		下书院	石屋书院
		书院	康成书院

续表

分类	具体类型	名称
碑碣·石刻	碑碣	元太祖敕谕护教文碣（在太清宫三元殿）
		元太祖赐邱长春金虎符（牌）文碣（在太清宫）
		元华楼山玉皇洞前石碣
		元崂山胜水阳太清宫三清殿碑记（残碑）
		明华楼山南天门石碣
		明海印寺颁经谕文石碣（在太清宫）
		明万历间颁布道经谕文碣（在太清宫）
		清太平宫后崔应阶立碣刻诗
		清大崂观石碣
		清太和观崔应阶石碣
		清华严寺诸石碣
		清山东巡抚杨士骧题名碣（在华严寺）
		清太清宫康南海诗碣
		华严寺前曾琦诗碣
		隋慧炬院仆碑（字迹模糊不可读）
		金明昌重建太平宫碑
		明天顺元年重修灵峰庵碑
		明天顺四年重修天仙观碑
		明天顺八年重修华楼宫碑
		明成化丁未重修慧炬院佛殿碑
		明弘治二年重修凝真观碑
		明嘉靖丙寅重修太平宫碑
		明嘉靖重修关帝庙碑
		明隆庆创建醒睡庵碑
		明施田碑
		明海上名山第一碑（在华楼山）
		明万历十二年重修巨峰顶白云庵玉皇殿碑
		明马孝子碑（在华阴）
		明万历重修石佛寺碑
		明万历八年重修塘子观碑
		明万历十三年重修神清宫碑
		明万历十六年新建海印寺碑
		明万历二十年重修大崂观碑
		明万历二十八年敕谕重建太清宫碑

续表

分类	具体类型	名称	
碑碣·石刻	碑碣	明万历三十年检藏题名碑（在太清宫）	
		明万历三十九年重建大劳观碑	
		明万历重修蔚竹庵碑	
		明重修太平宫碑	
		明天启二年重修太清宫碑	
		清重修百福庵碑	
		清康熙十年重建修真庵记	
		清康熙二十六年重建东华宫碑	
		民国初观崂村官契和布告碑	
		民国十二年重修神清宫碑	
		民国十七年崂山众庙纪念沈总监碑（在太清宫）	
		民国十九年华严寺沈鸿烈功德碑	
		梅公遗爱碑（在华严寺）	
		民国二十年修大庄路记（在乌衣巷社区）	
		民国二十年斐然亭碑	
		民国二十五年"青岛市四沧、李村、劳西、劳东、夏庄、浮山六乡区道路图"碑	
		海庙残碑	
		蔚竹庵碑记	
		重修蔚竹庵记	
		杨士骧题记	
		登华楼碑刻	
	拉丁文碑	2004 年重修九水蔚竹庵碑记	
		2004 年重修九水蔚竹庵功德碑记	
	摩崖石刻	晋人题刻	刻记"敕孙昙采仙药山房"
		邱处机诗十首	孙昙记事刻石
		邱长春《青玉案》词刻	题刻"山海奇观"
		诗刻"邱长春诗十首"	游记梯子石记
		诗刻"邱长春诗廿首"	康有为崂山诗刻
		宫界四至刻石	山海重光
		诗刻李白赠王屋山人	黄石洞刻石
		孙真人紫阳疏	德文刻石

　　随后，伴随着崂山自然和文化资源的兴起，乡村聚落逐渐形成。乡村居民的收入主要来自工业生产，经济社会逐步发展。1982 年崂山被评为国家重点风景名胜区，风景旅游获得长足的发展。目前崂山已形成 8 个风景游览区，设立 7 个旅游管理处，乡村居民也着手助力旅游产业，收入丰厚，游客遍布全国。

　　本章通过分析认识到崂山风景营建过程贯穿了当地人与自然的相互作用，结果呈现为因时而变的风景特质。基于自然、文化系统的崂山风景资源在空间表达上具有多样性，可以将其归纳为影响崂山风景差异的要素。认为崂山海拔、地形、地表覆盖类型等可以体现自然系统要素，乡村、遗址、水库、公园等可以体现人文要素，自然要素和人文要素表达出崂山风景资源的差异性，进一步聚焦到风景单元时，丰富的文化层积和要素组合形式，以及空间感知结合是值得关注的。本章对崂山风景系统的梳理，归纳总结了影响崂山风景特质形成的风景要素，为崂山风景特质识别做基础。

第 3 章
崂山风景资源的管理体系

3.1　崂山风景系统的梳理

名山是自然与文化高度统一的有机整体，蕴含着我国丰富的山水思想。我国风景名胜区代表着自然历史的自然要素，代表着人类历史的人文要素在其范围内融合，是区别于其他自然保护地的显著特征。崂山风景发展呈现了自然和文化交融的意蕴，本章通过梳理崂山的风景营建过程，探究崂山风景特质的形成机制和影响要素，为未来的管护提供基础信息。

崂山位于黄海之滨的胶东半岛东南部，是中国具有千年历史的重要风景名胜区。一方面，崂山具有突出的自然和文化品质和多样的景观遗产；另一方面，崂山是中国著名的道教名山，位于胶东半岛的低山丘陵地带。根据其优越性，崂山拥有巨峰、太清和仰口等 8 个景区，游客不仅可以在这里欣赏山海奇峰，还可以探索宗教遗迹。因此，崂山具有整体性，涵盖地形、景观组织、人地关系和道教活动载体的边界。

3.2　崂山风景资源的分区与识别

3.2.1　风景资源识别的理论依据

日益严重的生态系统退化引起了人们对自然景观及其娱乐价值的广泛关注。国家公园被视为平衡生态保护和旅游发展的关键。国家公园概念起源于美国，旨在保护自然生物多样性和环境，同时提供教育和娱乐功能。随着研究的深入，国家公园的研究呈现出从单一问题向多维综合的趋势，目前的研究重点集中在实现国际公约设定的所有目标，保障人文景观中生物多样性和保护生态系统服务上。国家公园和保护区为来自不同背景的人们提供了与自然互动的独特机会，但却经常受到严重的人类影响，包括与娱乐相关的影响。然而，国家公园的管理目标因国家而异。例如，美国国家公园管理的目标是保护和提供娱乐机会，这些国家公园被列入世界自然保护联盟（International Union for Consevation of Nature，简称 IUCN）保护区分类系统的第 II 类国家公园（national park）。国家公园属于国家土地所有权，管理机构使用独立的国家公园管理实体，例如国家公园管理局。澳大利亚国家公园有更严格的定义，以保护为目标。州政府对其管辖的国家公园承担保护责任，通过大自然保护协会对国家公园进行保护和对外合作管理。英国国家公园被列入 IUCN 保护区类别系统的第Ⅴ类自然保护地 / 海景保护地（protected landscape/seascape）。这些英国国家公园的管理有两个目标，一是保护自然景观和增加娱乐机会，二是提高社会和经济福祉。

管理区的指定对于提升任何国家公园或保护区景观保护的核心功能至关重要，许多学者已经开发出改进国家公园分区管理的定性和定量方法。国家公园的分区是将景观划分为各种土地利用单元的一种方法。分区规划包括将一个区域细分为多个区域、定义活动类别以及指定推荐内容。在西班牙国家公园方面，瑞兹拉博德特（Ruiz-Labourdette）等人提出了一项多元环境分析，旨在对潜在活动的最佳位置进行分区，并将其应用于西班牙中部的山区。加拿大国家公园系统已经建立了一个国家分区框架，要求公园管理者在空间上将每个公园划分为对国家公园的自然和文化资源有不同程度考虑的区域。尽管保护区空间分区研究的视角、方法和模型多种多样，但保护区复杂的资源特征导致各个国家的分区管理实践存在困难。

中国的国家公园为社会提供了相当多的协同效益，包括生态系统的平衡、遗产价值的保护、旅游等。但是，对国家公园有效管理的分区方法的研究仍然很缺乏。中国的国家公园往往被列入 IUCN 保护区类别系统的第Ⅴ类自然保护地 / 海景保护地，旨在保护随着时间的推移，人与自然的相互作用产生的具有显著生态、生物、文化和景观价值的独特区域。然而，在如何保护中国国家公园的生态、生物、文化和景观价值方面，目前的国家公园管理方法存在一些问题。一方面，中国国家公园的文化景观识别不足。目前我国对人与国家公园自然关系的认识已有一定的研究，但文化景观的保护和管理方法仍值得进一步探索。例如，保护对象的定义不明确，缺乏保护对象的具体定义，以及定义重复的问题。另一方面，中国国家公园缺乏分区管理方法。例如，中国国家公园的景观形态和类型差异很大，且历史信息稀缺，现有的分区方法不能满足分类管理的要求。此外，中国国家公园的景观格局及其有形和无形价值没有得到很好的解释，导致中国国家公园管理体系缺乏有效和可持续的景观管理模式。因此，中国国家公园在文化景观保护和分区管理方法方面存在不足，但风景特质识别方法对于国家公园的分区管理是有效且可持续的。

风景特质识别方法是识别区域特征景观的整体综合方法，是景观分类管理的有效工具。不同的尺度观表征方法目前普遍用于地域空间规划、生态保护、历史名城保护、土地利用政策和国家公园管理。例如，风景特质识别方法在新西兰被用作土地利用指南和外推景观价值图，在比利时被用于跨区域规划，在西班牙被用于土地管理；其是土耳其的一种分类制图方法，也是评估印度农村土地的有效工具。同时，风景特质识别方法还有利于英国的国家公园区划管理。自 2002 年以来，已有 15 个英国国家公园为其可持续景观管理创建了风景特质评估文件。在此之后，费尔克拉夫（Fairclough）等人指出，在过去 30 年中，基于风景特质识别方法的传播结合了最广泛意义上的景观概念的力量和景观方法在政策和实践中实现联合思考的能力。风景特质识别方法可以帮助人们做出分区决策，还可以帮助人们规划具有不同风景特质的区域，帮助他们思考未来的景观规划和发展战略。

据此，本章节将我国风景名胜区类比国外的国家公园，应用风景特质识别方法，并在崂山进行实践，以优化当前中国国家公园的分区管理方法。第一步，识别和提取崂山风景资源要素，作为风景特质识别因子；第二步，利用风景特质识别方法和 k– 均值（k–means）算法对风景要素进行聚类；第三步，得出 15 种风景特质类型和 20 个风景特质区域，指导崂山的风景资源管理。

3.2.2 崂山风景特质识别过程

3.2.2.1 风景特质要素的选取

风景特质可以定义为景观特征的存在、多样性和排列，这些特征赋予景观一定的身份，使其从周围的景观中脱颖而出。风景特质区域是一个重要的代表区域，将其与其他几个独特的风景要素构成风景特质区域的相邻区域区分开来。作为风景资源管理的整体方法，风景特质识别已广泛应用于各种景观领域，不仅在法律保护区，还应用在城市和国家。风景特质识别可以帮助不同的人了解景观之间的差异，为景观区域管理提供理论和数据支持。基于此，本书重点关注崂山风景资源，通过风景特质识别方法将崂山风景资源分类成不同的风景特质类型和区域，加强对崂山风景资源的管理。

《欧洲景观特征评估倡议》（*European Landscape Character Assessment Initiative*）项目分析了 20 个风景要素，大致可分为三类：自然要素、社会文化要素和文化关联要素。其中，前两种最常用。乌孙（Uzun）等人表示，有关气候、地貌、地质和土地覆盖的数据可用于国家层面的研究；气候、地貌、地质和主要土壤组的数据可用于区域层面的研究；根据生态阈值，土地覆盖、地质、土地能力等级等数据可用于地方一级的研究。这就意味着在选择风景要素时必须考虑不同的情况。因此，本书基于山地特征和人与自然资源的关系，提取了崂山风景要素。因此，风景特质识别的自然要素包括山、水等；风景特质识别的社会文化要素包括宗教活动、文化习俗等。按照上述逻辑，本章节选取 3 个自然要素和 1 个社会文化要素（遗产影响强度）。对于物质和非物质景观，本研究使用三个自然要素（海拔、地形起伏度和土壤类型）进行物质景观分析；使用社会文化因素进行非物质景观分析。

通过以下方式获取这四个要素并使用 ArcGIS 软件进行分析。从地理空间数据云平台下载 30m 分辨率的数字高程模型（Digital Elevation Model，简称 DEM）数据。通过使用"重分类"命令获得海拔和地形分类图；随后，通过以 1 ∶ 1 000 000 的比例裁剪中国土壤数据，确定土壤分类图，最后，通过在线搜索确定遗址的经纬度，并通过人工校准后，利用 ArcGIS 软件导出遗产核密度，从而得到遗产强度分类图。总体而言，四个要素都遵循相应的分类原则。

3.2.2.2 空间数据分析

4 个要素数据处理完成后，导入 ArcGIS 软件进行下一步操作。首先，为了保证数据的一致性和可操作性，采用"按掩膜提取"和"重采样"的预处理，得到 4 组位置属性和像素大小相同的数据。

　　在聚类过程中，每个渔网中的 4 个异质性数据将按照输入的聚类种数命令进行重新计算与选择，最终归于 1/15 类中（图 3-1）。

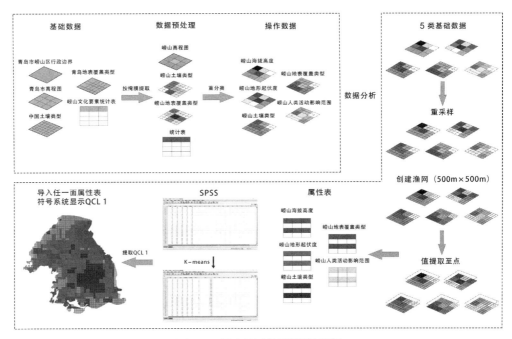

图 3-1　崂山风景特质识别流程图

3.2.3　崂山风景特质聚类结果

3.2.3.1　崂山风景要素分类

风景特质类型的差异是由于选择了不同的风景要素。如前 3.2.1 节所述，本节基于之前在相应平台上的研究和数据收集过程。本书中，影响崂山风景特质的要素包括海拔、地形起伏度、土壤类型和遗产影响强度。每个风景要素的特征如下：

　　①海拔数据来自从地理空间数据云下载的数字高程模型（DEM）数据。海拔分类图（图 3-2a）显示，崂山以平原地形为主，面积大于 50%，盆地面积次之，山地面积最小。位于东南部的巨峰海拔 1132.7m，是该地区的最高峰。

　　②地形起伏度的获得方式与海拔数据相同。根据地形分析（图 3-2b），崂山地形呈现出"中间高，周围低"的形式。以 500m 为界，山区（低山区域、中山区域、高山区域）总面积明显高于平原区（低平区域、高平区域），且中山区域面积最大。高山、中山、低山区呈圆环状，以崂山为中心，山体高度由内向外逐渐减小。

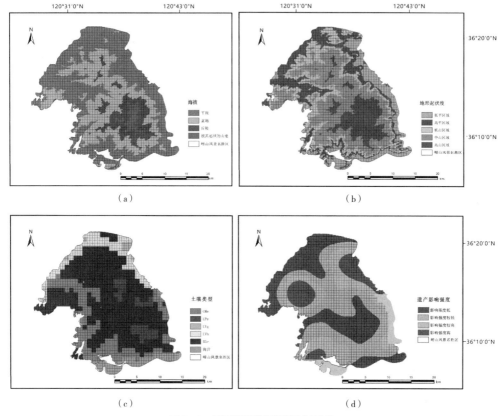

图 3-2　风景特质识别的四个要素

③土壤数据来源于中国 1 ： 1 000 000 比例尺土壤图。以土壤分类为原则，依据联合国粮食及农业组织的《中国土壤图》（图 3-2c）。

④遗产强度数据基于遗产源坐标，并使用"核密度"分析在 ArcGIS 软件中生成可视化的影响区域。遗产影响强度表示遗址密度。根据分析结果（图 3-2d）可以看出，遗产源以环状分布在崂山平原地区，多以点状聚集在村庄街道处。此外，崂山沿海地区的遗产源的影响强度远高于内陆地区。这表明遗产分布具有边际性且相对集中。

3.2.3.2　崂山风景特质区域边界的确定

崂山风景特质类型的具体分布见图 3-3。从图中可以看出，区域中部集中在崂山山体地貌，是崂山的主要风景特质类型。崂山西南角的风景特质类型最为多样化，崂山东侧风景特质类型以滨海乡村景观特征为主，与山地景观特征明显不同。

进一步计算了崂山中每种风景特质类型的面积，呈现风景特质类型之间的差异。当聚类数为 15 时，最小字符类型面积为 2.25km²，占总面积的 0.57%。最大的风景特质类型面积为 90km²，占总面积的 22.74%。通过上述分析，崂山被分为 20 个不同的风景特质区域（图 3-4）和 15 种不同的风景特质类型。

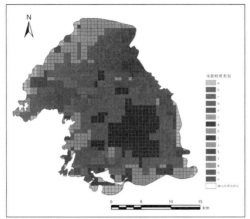

图 3-3　崂山风景特质类型

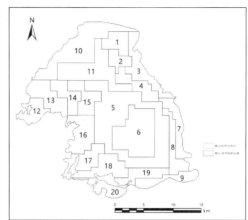

图 3-4　崂山风景特质区域

3.2.3.3　崂山景观类型描述

　　世界不同地区使用不同的景观类型分类来区分不同的景观多样性，这反过来又有助于区分不同景观类型的不同管理方法。在比利时，景观类型分为城市景观、郊区景观、工业和港口景观、海岸和沙丘、围垦区、以耕地为主的景观、以牧场为主的景观、森林景观和山谷，这有助于整合不同的跨境区域分类。在美国墨西哥湾地区，玉米产量的区域差异归因于特定类型，即景观类型分为生物物理类型和社会生态类型，用于诊断农业生态系统的社会生态影响。在托斯卡纳，土地利用数据分为耕地、森林和建成区 3 个宏观类别，用于为未来的规划、管理和改进保护策略提供科学和定量的数据。

　　上述分类对不同地区景观类型的自然和社会类别及其相关子类别进行了分类。在此基础上，对崂山景观类型进行分类，本书参考了赵烨的景观分类方法。崂山的景观类型分为自然景观、历史景观、聚落景观三大类；12 个子类为山地林地、河湖用地、田野园地、特殊地貌用地、其他自然景观、历史园林、历史建筑群、历史遗迹、文化活动地、其他历史景观、乡村聚落用地和城镇聚落用地（表 3-1）。

崂山景观类型描述　　　　　　　　　　　　　　　　　　表 3-1

景观类型大类 编码	景观类型子类 编码	名称	风景特质区域编号
自然景观： N（natural）	N01	山地林地	1、2、4、5、6、8、10、11、15
	N02	河湖用地	14、18、19
	N03	田野园地	16、17
	N04	特殊地貌用地	无
	N05	其他自然景观	无

景观类型大类 编码	景观类型子类 编码	名称	风景特质区域编号
历史景观： H（historic）	H01 H02	历史园林 历史建筑群	3、9、12
	H03	历史遗迹	13
	H04	文化活动地	无
	H05	其他历史景观	无
聚落景观： S（settlement）	S01	乡村聚落用地	7、20
	S02	城镇聚落用地	

（1）自然景观

大多数具有自然景观的风景特质区域主要是山地和林地、河流和湖泊，其面积304.75km^2。

崂山属华北落叶阔叶林带胶东松栎林区，森林植被分布呈现一定的差异性。崂山山区有23条主要河流，从山区中部呈放射状分布形成其他河流，如白沙河、李村河、雕龙嘴河等。河流最终流入胶州湾、黄海、即墨市。河流为植物的生长提供了一定的自然条件。就森林覆盖面积而言，崂山的南部比北部更丰富，植被物种覆盖率更高，而东部和西部的覆盖率低于南部和北部。例如，风景特质区域5是温暖的山地林地，集中了大多数亚热带树种，例如山茶、黄杨木、棕榈等；风景特质区域18是干旱的山地林地，水土流失严重，植被很少，主要是抗风的黑松或杨树的适应性物种，总体植被很少。

除上述景观类型外，崂山还有经济作物、粮食作物和经济林业。据统计，1987总体覆盖率达到5.6%。丰富的农耕植被形成了崂山的农田（风景特质区域1、18和19）类型，分别对应风景特质类型k、d和i，面积为73.25km^2。崂山的特殊地貌为白垩纪以来形成的花岗岩体，景观特殊类型风景特质类型d，面积为11.25km^2。"崂山花岗岩"在诞生时并未出露地面，经过地壳抬升和风蚀后，才露出花岗岩岩石。风景特质识别后，变质岩系多见于风景特质区域5、6。

（2）历史景观

研究区域的历史景观有4个风景特质区（风景特质区域3、9、12、13），对应4个风景特质类型（风景特质类型e、m、c和b）和216个网格单元。其面积为54km^2。崂山有130多座道教建筑和40多座佛教建筑，道教建筑和佛教建筑的地位大致相同。

太清宫始建于西汉建元元年（公元前140年）。太清宫是崂山最大、最古老的道教建筑，也是风景特质区域9的典型历史建筑。在地形起伏方面，风景特质区域9被归类为低山平原。就遗产影响强度而言，虽然太清宫被誉为中国道教的发祥地之一，但由于山体表面的同质性和连续性，总体来看并没有突出一个非常异质的区域。与风景特质区域 9 类似，华严寺是风景特质区域 3 的典型历史建筑，始建于辽重熙七年（公元 1038 年）。华严寺是崂山佛教建筑的代表，位于崂山支那拉延山半山腰，是崂山三大寺院之一。在景观类型方面，风景特质区域 3 周边的风景特质类型非常多样化，如风景特质区域 7 乡村聚落和风景特质区域 4 山林河湖地。景观因子的可变性导致该区域根据其属性会表现出不同的风景特质类型。

（3）聚落景观

聚类后的 2 个风景特质区域（风景特质区域 7、20）表现出聚落景观，呈现 2 种风景特质类型（风景特质类型 k、i）和一个由 92 个单元组成的网格，面积为 23km^2，占崂山总面积为 6.02%。最大的风景特质面积为风景特质区域 7，对应风景特质类型 k 和 52 单元网格，面积占农村总景观面积的 56.52%。崂山有丰富的历史遗产和大量的农村居民点。因此，国家公园内的乡村可以作为崂山乡村景观的一个例子。崂山核心景区有 22 个村，分别位于北宅街道、沙子口街道和王哥庄街道。另外，还有夏庄街道和惜福街道。

青山村（风景特质区域 7）位于王哥庄街道，属于太清风景区（风景特质区域 9），曾被评为全国传统村落（2012 年），被列入第一批中国传统村落（2013 年）。除了青山村，风景特质区域 7 还有许多其他村庄，如黄山村和雕龙嘴，它们结合在一起形成了这种景观类型。基于海拔和地形因素的微小可变性，主要是第四类遗产因素将乡村聚落风景特质区域 7 与历史景观风景特质区域 9 区分开来。根据风景特质区域聚类原则，同样的原因也可以用来解释其他农村景观类型。

3.2.4　风景特质识别方法的优势

目前的结果表明，风景特质识别方法有助于管理风景名胜区的风景资源，并将这些类型归因于潜在的自然和文化要素。风景特质识别明确解决了风景名胜区的许多相互作用的变量和复杂的数据集，尤其是当这些系统分布在大空间范围内时。在识别当地相似性的同时，风景特质识别保留了风景名胜区内不同自然和文化因素的内在异质性。因此，崂山的风景特质类型包含足够的景观类型变化，以揭示不同历史和文化景观与自然景观之间的强大分层关系。之前的多项研究表明，在复杂系统中识别和建立这种层次关系是一个有待探索的领域。对于风景名胜区的空间分区管理而言，风景特质区域的边界为风景名胜区提供了有效的管理区域，从而实现了特色鲜明的保护。

（1）风景特质识别方法对风景名胜区管理的优势

风景特质识别方法既是空间规划的方法，也是景观配置和景观多样性的管理方法。先前的研究表明，有针对性的空间规划方法可以大大增强风景资源的保护和可持续性。空间规划是探索自然和文化系统结合产生的景观多样性结果的基石工具，可用于协作设计景观配置策略。但是，景观配置和景观多样性管理取决于空间规划产生的景观类型。例如，本书将崂山归纳为 15 个风景特质类型，其中里有山林地、河湖地等命名的风景特质类型，山林地的管理点是当地的森林资源。

　　风景特质识别方法具有三步规范和逻辑步骤。第一步，本书从与风景资源密切相关的多个数据集中生成海拔、地形、土壤和遗产影响强度。第二步，采用聚类的方法将四组数据整合到风景特质区域中。第三步，在此基础上将风景特质区域定义为具有空间异质性的景观单元，是定量和定性相结合的过程。

　　这里介绍的风景特质识别方法可以通过多种方式进行扩展，以解决当前的局限性和相关的研究问题。首先，量化国家公园中的风景要素是很重要的，例如，在确定聚类时数据的可操作方面，这个方法为每个要素确定独特的数量值（一组要素中的唯一值），并在聚类时使用该值来表示类型。其次，风景类型可以通过时间和空间数据的变化来预测发展，这可以更好地了解特定时期下自然或文化系统的变化对国家公园效果的影响。

　　（2）崂山如何通过风景特质识别方法实施空间分区管理

　　对于风景名胜区的空间分区管理，风景特质区域的边界为风景名胜区提供了有效的管理区，从而可以进行特色和杰出的保护。本章节以崂山为例，使用风景特质识别方法生成多种风景特质类型，然后描述风景特质区域的景观类型，以实现风景名胜区的管理。景观类型描述包括生态系统的自然景观条件和分区，文化遗产景观条件和分区以及村镇的景观条件和分区。景观类型描述可以确定景观的未来管理方向。崂山的三种景观类型、具体景观条件、分区和管理模型的示例可以在图 3-7~ 图 3-9 中看到。

　　不同的风景特质区域反映了不同的生态环境和遗产价值，不同的分区管理可以有效地减轻自然灾害和人类活动的影响。例如，风景特质区域 6 属于 N01 型，其特点是高海拔，同时可以看到山和海。巨峰景区游客众多，状况良好，但山峰的特点和功能不够突出，因此管理策略是采取保护和加强措施。此外，随着气候变化，自然灾害代表着日益增加的安全风险，风景特质区域 6 中的自然资源管理应该考虑森林防火。风景特质区域 9 属于 H01和 H02 型，其性质是建筑群和古树和植物的分布。像太清宫这样的历史建筑有一种特殊的状态形式，而其功能很好，所以管理策略是保护和加强。风景特质区域 7 属于 S01 型，其品质是乡村景观和特殊地形的结合。青山村特色鲜明，状况良好，但功能不明显，管理策略为保护。

3.3　公众参与崂山风景资源管理

　　崂山风景资源的管理关键在于如何处理好其生态发展与区域经济社会发展、区域生态效益保护与当地居民自身利益更新之间的潜在矛盾。近年来，各种生态环境问题促使人们对环境保护和生态维护的认识不断加深，使生态旅游成为旅游业的一个新领域。生态旅游是一种强调保护环境和体验自然区域的旅游形式，它建立在游客的环境意识之上。生态旅游一词出现在 20 世纪 80 年代末，是一种支持保护生态区域和促进当地可持续发展的策略。"生态旅游"的重点是尽量减少对环境的负面影响、防止自然资源的退化。同时，生态旅游有助于为当地增加收入、创造就业机会和保护生态环境。生态旅游的发展涉及许多要素，包括游客、居民和管理者。通过生态旅游的引入，生态环境和人群以共生关系结合在一起，使生态旅游与公众参与者紧密相连。

公众参与者是指任何有能力影响或被影响到特定组织的目标和活动的个人或团体。研究人员表示，与生态旅游相关的"游客、地方政府、生态系统生态学家、非政府组织和当地居民"等公众参与者之间需要"联合管理"。虽然旅游业有助于增加当地收入，但忽视旅游业对环境的影响会阻碍生态旅游的可持续性。自然资源提供"产品和服务"，因此需要对资源的生态基础和社会需求进行"政策管理"，以保持资源的可持续性和公平性。根据公众参与者理论，一些研究者阐述了成功管理战略的特点，即应考虑所有公众参与者的利益和观点，描述具有类似利益或权利的公众参与者如何形成一个群体，并说明这些群体是如何支持组织目标和战略的。在理论的实际应用中，有必要研究公众参与者之间的利益冲突和管理问题，以便应对各种目标和活动。

建立风景名胜区作为保护区的目的是保护特殊的生物和环境价值，有利于人们在长期保护当地和更多环境的过程中形成共同价值观。风景名胜区作为一个生态旅游点，对旅游业和当地社区具有重要的经济意义。随着生态旅游的发展，通过对风景名胜区资源的获取和使用，极易造成资源使用和保护需求之间的冲突。崂山生态旅游的发展是一场博弈，通过公众参与者之间的协调、利益的让渡和责任的分担，可以实现资源的分配和利益的平衡。

3.3.1　崂山中公众参与者的研究对象

风景名胜区以游人云集为地域特征，以风景资源为主要物质形象。风景名胜区是风景资源、游人、居民及社区团体在空间上的共存，他们在景区保护、开发和经营管理方面有着密切的联系。随着旅游业的蓬勃发展和风景资源保护力度的增加，公众参与者及其之间的互动关系正逐渐发生变化。通过对崂山的多次调研及文献的查阅，笔者初步总结出崂山公众参与者人群结构，分析参与崂山风景资源管护的公众参与者人群类别，有利于对崂山风景资源进行更好的保护。

实施生态旅游的区域需要对游客有一定的吸引力，这就与当地的生态环境息息相关。旅游经营者要提供优质的服务，让游客尽可能地享受当地风景资源。当地居民可以从中获益，不仅提供了良好的就业机会，而且促进了经济的发展。政府管理者是最有权力和影响力的公众参与者，需要与各方公众参与者建立信任关系，准确并及时传达有价值的信息，有助于生态旅游区域的可持续发展。风景名胜区作为生态旅游地，对旅游业和当地社区具有重要的经济意义。随着生态旅游的发展，通过获取和利用风景资源，很容易造成生态旅游的利用与保护需求之间的矛盾。风景名胜区的生态旅游发展是一场博弈，应通过公众参与者协调、利益异化、责任共担，实现资源配置和利益平衡。

崂山旅游涉及的公众人群主体主要有四类。一是社区居民，指的是景区当地的社区居民，其大体又可以划分为两种，一种是利用自有耕地、房屋和劳动力自主参与到旅游活动中的居民；另一种是没有直接参与旅游活动，但从当地旅游业发展中受益的居民。二是游客，包括崂山风景名胜区中的游客和到崂山境内乡村的游客。三是旅游从业者，主要是餐厅、民宿、农家宴、旅游产品销售等经营主体和从业人员。四是政府管理者，指的是管辖崂山旅游的区政府和各街道、村镇的旅游管理部门。综上，本文选取社区居民、游客、旅游从业者和政府管理者四类人群，以探究公众参与者参与崂山风景资源管理的过程。

（1）社区居民

社区居民参与风景资源管理可以大致分为两种情况：社区自身作为文化资源，即保证延续社区本身的建筑、文化等；社区参与风景资源管理，居民充当管理者保护风景资源。下面分别从这两个角度进行阐述。

国际上将居住在风景区内的两代人（约40年）称为"原住民"。我国有"原住民"的风景名胜区众多，例如普陀山风景名胜区内有4000余人，九华山风景名胜区内有3000余人，连云港花果山风景区内有1500余人等。他们已经与当地的自然文化环境交相融合，形成生动的风景体验，因此可以将他们视为风景区内的一种文化资源。对于这种风景区内的社区保护可以总结为三个方面：保护社区内部乡土建筑形式、村落布局、村落所处环境，保护社区传统文化、社区结构完整性，保护社区产业发展。居民参与风景资源管理是有效解决资源利用和保护矛盾的关键。全球各地众多的案例研究表明，通过社区参与和适当规划的旅游业，可以显著改善社区生计，促进社会文化和生态保护。

崂山当地居民与风景区所在地有天然的关系，风景名胜区内的风景资源是当地居民生存与发展的物质基础，同时居民对风景资源的发展起重大作用。一方面，崂山风景区内部的乡村旅游开发已成规模，吸引了上千万的游客，由于这种局势的持续，大部分乡村开始进行自我更新。崂山唯一的传统村落青山村是将自身视为文化资源的代表，保护村落自身文化传统和产业是风景资源可持续的重要组成部分。另一方面，崂山乡村居民积极参与乡村旅游管理。青山村村落发展管理公司由村民自发组建，村民与政府共同对村落进行管护与更新。乡村旅游纳入了崂山风景区的整体发展框架内，居民可以入股对村落进行管控和开发利用。另外，村民参与乡村旅游经历了起步阶段和发展阶段，现在已经进入成熟阶段，具体体现在食、住、行、游、娱五个方面，分别是乡村农家宴、房屋对外旅游出租、村民担任电瓶车和游船驾驶员、村民担任导游和游客服务、村民参与娱乐活动等。王雨清对青山村乡村旅游开发的居民获得感进行评价研究，提出居民就业领域从原始的渔业扩展为旅游业、渔业和种植业，尤其是旅游及旅游相关产业比例达到了 65%，原因是乡村旅游能够带来更高的收益。该研究对 182 位村民对乡村旅游的个人获得感进行评价，其中 66.48% 的居民将获得感评定为"强"和"较强"。

（2）游客

如今，越来越多的人开始认识到资源对可持续旅游发展的重要性，尤其是自然和文化资源对旅游景点的重要作用。古恩（Gunn）认为资源管理与景点旅游系统相关；因斯基普（Inskeep）认为自然和社会文化环境是旅游规划背景不可缺少的一部分。后来，资源管理成为旅游研究和管理的中心学科。古恩将与旅游业相关的职业分为六类，包括并明确指出资源管理与旅游业有利害关系。然而，尽管众多专家和学者认识到了这一问题，但在旅游规划中却很少考虑到资源管理问题。卡特（Carter）等人运用元分析方法，评估了文献中对于旅游研究的趋势和发展。他们的研究结果揭示了资源管理问题在很大程度上被忽视了。资源管理是可持续发展旅游的唯一长期解决方案，尤其是自然和文化资源管理。

风景资源管理的主要调节因素是干扰和变化（时间和空间层面），保护资源发生过程而不是生物多样性或物体本身。科学的资源管理需要明确资源的性质和环境与资源的相互作用。因此，让游客了解自然文化资源、资源管理的新概念是旅游者参与风景资源管理的关键。

（3）旅游从业者

风景名胜区的建立和管理是一个竞争激烈的过程，通常与风景资源的固有价值和目标相关。景区管理需要在资源保护与旅游发展之间找到平衡，旅游从业者是维护景区可持续不可缺少的公众参与者。

旅游从业者与资源管理之间存在一定的矛盾。旅游从业者通常完全依赖于景区内的风景资源。世界资源所估计，全球自然旅游每年增长 10%~30%，而整体旅游的增长速度约为 4%。例如，在 1994—1998 年的澳大利亚，生态旅游游客占所有游客的比例从 18% 上升到了 27%。最初，旅游业对风景资源的关注被认为是可持续发展的典范，并对乡村经济衰退和这些地区缺乏就业机会做出了回应。然而，当风景资源被用于商业目的时（如扩大旅游活动），这些事态的发展已将资源管理和社会经济发展推向保护政策前沿。由于资源管理者和旅游从业者之间存在对彼此专业的隔阂，他们之间开始出现僵局。

将旅游从业者纳入景区资源管护的公众参与者中进行管理是发展的必要条件。我国风景名胜区与国际上的国家公园是相对应的。国家公园管理体制主要分为三类：中央集权型、地方自治型和综合管理型。其中，美国、挪威等国家实行自上而下的垂直领导机制，同时由政府部门和民间组织协调；澳大利亚和德国等国家实行地方自治管理，政府仅负责发布、立法等工作；加拿大、英国、日本等国家实施综合性管制，政府、地方和民间机构均有管理权。"动态创新法"旨在让当地的公众参与者参与景区规划过程，目的是制定出受影响的各方可以接受的综合管理策略，即管理者需要将当地的旅游企业视为合法公众参与者并将其纳入景区管理运营规划中。旅游从业者对旅游的管理、商业功能的了解和在当地环境中的丰富经验应该被视为风景资源管理中的宝贵财富。

资源管理部门与旅游从业者之间建立信任关系，例如，双方进行公开对话和协作学习，或者进行频繁有效沟通的良好治理原则。管理局应将可持续发展作为景区资源的愿景和目标，同时将旅游业务和管理能力纳入其中，以促进两者之间互惠互利的可信赖关系。

（4）政府管理者

政府被认为是最关键和有影响力的公众参与者，尤其是地方政府。风景名胜区的资源保护以及旅游业可持续发展只有在融入当地政府的参与时才会成功。

地方政府在参与和指导景区可持续发展目标的原因和挑战有很多。首先，政府可以在避免风景资源退化和减少对乡村不利影响方面发挥重要作用。原因是旅游对风景资源退化和对乡村产生负面影响最为明显，政府是掌管当地旅游业的最上级领导；其次，政府最了解当地资源，它们是最适合进行风景资源管理的公众参与者；地方政府是民选代表，它们有权利代表更广泛的居民利益，因此，政府应该更多地代表居民利益，而不是其他公众参与者的利益。

政府在推动和支持当地可持续发展方面发挥了核心作用。德雷克（Dredge）和詹金斯（Jenkins）提出，地方政府已经从仅提供服务和基础设施转变为在实现可持续发展方面发挥更积极作用的角色。因此，在全球范围内，以可持续发展为基础的国家地方政府的政策声明、战略、指导方针数量呈指数级增长。然而，这种转变的合法化受到质疑。例如，一些学者断言，政府只是为了使旅游业发展合法化，实现自利的结果；再如，政府实施自上而下的规划流程，却并未真正参与规划过程。因此，人们的注意力转向了为什么地方政府应该在推动可持续发展方面发挥作用。结论是，地方政府机构结构具有相对持久性和界限性，使得它们能够采取更加综合性的观点。旅游机构从未做到有问题即与当地居民及其他公众参与者协商，但是政府可以做到，这一观点得到了人们的共识。

政府是唯一拥有任何条件来进行风景资源管理的机构。政府拥有的立法权是推进可持续资源管理的原因。再者，地方政府可以代表居民的利益，可以与其他公众参与者对风景资源进行共同管理。然而，部分政府缺乏立法基础和具体合作规划是阻碍风景资源管理的关键。

多年来，崂山政府一直对崂山资源的可持续管理做出贡献。针对以上三个方面，崂山政府采取的具体措施如下：

①利用对当地资源的了解，因地制宜，推进旅游特色发展。政府以整体的视角，全面结合沙子口街道、王哥庄街道、北宅街道种植的不同作物，分别制定新的旅游发展思路，同时推出各式各样的节日和作物品牌来增加旅游知名度。

②代表最广大人民的利益，实时为了人民。政府实施奖励机制，增强旅游品质。2020年11月，颁布《崂山区促进文化和旅游产业发展实施细则》修订版，增设"住宿业（含民

宿）房租补贴""住宿业（含民宿）规模化发展奖励"等新条款；注重技能培训，强化人才队伍培养。政府先后组织旅游管理代表赴浙江杭州等地进行考察学习，随后组织相关工作人员进行现场交流会，提升专业技能。

③利用自身综合管理性质，落实文旅委产业发展的各项工作。例如，开展旅游资源普查，统筹协调资源保护和开发；对旅游市场进行行业监管，规范经营和从业人员的服务活动；负责旅游区域的安全应急措施，监管相关设备是否质量过关。

④制定旅游管理体制来维护风景资源。2017 年 6 月，崂山区政府将青岛市崂山风管局、市啤酒节办公室和区旅游局三个部门进行整合，同时成立崂山区旅游发展委员会统筹全域旅游发展；2019 年 2 月，崂山区政府把区文化和旅游局进行整合，随后成立崂山区文化和旅游发展委员会，实现文化和旅游两项政府职能的合并，以此强化统一领导和管理。另外，崂山区建立早巡查、早发现、早提醒和早治理的行业监管机制，积极宣传行业运营、行业标准和规范市场秩序等政策，维持旅游资源的合理有序发展。

3.3.2　公众参与者分析框架

3.3.2.1　分析框架构建

风景名胜区是一种兼顾生态保护和旅游开发的风景管理模式。当游客与当地环境、经济、社区互动时，旅游活动会对目的地的经济、自然、文化、社会地位产生综合影响，不同群体之间不同的价值观和资源开发诉求将逐渐显现，群体之间的关系也将变得更加复杂。

对于具体的资源开发活动，一些公众参与者认为有收益，而另一些公众参与者则认为有损失。在很大程度上，所有这些争论都集中在保存和使用的价值取向上，这会影响态度，并可能影响行为意图或行为。在生态旅游区，有限的资源和多样化的发展需求构成了一对矛盾，公众参与者对资源开发有不同的需求。

因此，参考"价值—态度—行为"模型，利用模型关键词之间的递进关系，我们在崂山风景区构建了"价值—满意度—需求"模型来探索公众参与者对风景资源的看法与评价等。

崂山生态旅游资源利用和活动的多样性，公众参与者之间存在着复杂的关系。价值—态度—行为的研究框架是由瓦斯科（Vaske）等人率先提出的，有助于厘清公众参与者之间的关系。早期研究表明，个人对环境的看法可以被组织成一个认知层面，包括价值观、价值取向、态度或规范、行为和行为意图。价值观是价值取向的基础，价值取向影响态度，并可能影响行为意图或行为。态度代表一个人对讨论对象做出积极或消极反应的一贯倾向。在理性行为的理论框架内进行的研究已经证明态度可以有力地预测具体行为。总之，以往的研究已经很好地证明了价值观、态度和行为之间的关系，即价值观通过态度中介直接或间接地影响行为。这对研究崂山生态旅游的公众参与者分析有很好的启示。价值观是价值取向的基础，我们的研究通过公众参与者对生态价值的重视反映了生态服务的价值取向。态度是一种心理状态，它代表着一个人一贯的倾向，在本书中，它体现为崂山生态旅游的满意度，这是公众参与者对风景区生态旅游的一种倾向。行为或行为意图用于讨论与态度的相关性，在本书中，公众参与者对资源开发只是反映了他们对生态旅游发展的行为意图。综上所述，本章节构建了风景区研究的"价值—满意度—需求"分析框架，探讨了崂山风景区价值导向、生态旅游满意度和资源开发需求之间的关系。

3.3.2.2 分析方法

书中选取社区居民、游客、旅游从业者和政府管理者作为研究对象，在每个崂山风景特质区域内，通过问卷调查和面对面交流的方式，调查公众参与者的生态服务价值取向、生态旅游满意度和资源开发需求，分析框架如图 3-5 所示。根据上述研究框架，设计了一份四组问卷。

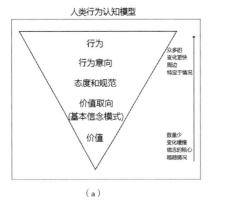
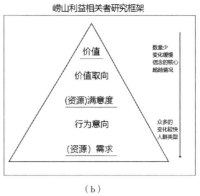

图 3-5　崂山公众参与者模型

第一组是受访者对崂山社会价值的认知，第二组是受访者对崂山生态旅游满意度的看法，第三组是受访者对崂山资源发展需求的看法，第四组是受访者的基本背景信息，包括性别、年龄、职业、教育程度、对风景保护的看法等。

（1）受访者对崂山社会价值的认知

自然的生态和经济价值越来越多地被用于定义沿海环境规划和管理领域。把生态系统服务的社会价值与重视自然的生态和经济考虑相结合，将产生公平有效的政策结果。

以前的研究已经发展出了类型学来描述对自然环境的感知。这些类型学使用"指定值"的概念重新定义景观要素的相对重要性。在我们的研究中，社会价值的相对重要性也由"指定价值"的概念来定义。每个受访者被要求"花费"100 元，以确保崂山保持其目前的价值。在总结前人研究的基础上，提出了问题中的十项社会价值观，如表 3-2 所示。每位受访者可以以任何方式分配或花费 100 元，前提是总成本不超过 100 元。不同的分配方式体现了每个人不同的价值观。

崂山生态系统服务的社会价值构成　　　　　　　表 3-2

社会价值类型	社会价值描述
美学价值（A）___（　　　）元	崂山提供了美景、气味和声音等
生物多样性价值（B）___（　　　）元	崂山提供了各种各样的生物及其栖息地
文化价值（C）___（　　　）元	崂山提供了学习价值，继承了祖先的知识、智慧、传统和生活方式
经济价值（E）___（　　　）元	崂山为我带来经济收入提供了机会
历史价值（H）___（　　　）元	崂山提供了一个了解自然和人类历史的机会
学习价值（L）___（　　　）元	崂山提供了一个学习风景名胜区知识的机会
生命维持价值（LS）___（　　　）元	崂山有助于生产和保存新鲜的空气和水
娱乐价值（R）___（　　　）元	崂山让我找到了户外活动的乐趣
精神价值（S）___（　　　）元	崂山能放松我的精神，对我来说是一个特殊的精神场所
治疗价值（T）___（　　　）元	崂山能治愈我的身体和精神上的痛苦

（2）受访者对崂山生态旅游满意度的看法

在本书中，每位受访者都被要求回答他们对崂山生态旅游的满意度和对特定资源的发展需求。生态旅游满意度调查主要围绕两大主题展开，即受访者对当地生态条件的满意度和对旅游条件的满意度（表 3-3）。其中，生态条件满意度侧重资源、生态、环境，旅游条件满意度侧重交通、经济、生活。每个受访者有 4 个不同的选择，范围从 a（最不满意）到 d（最满意）。

崂山生态旅游满意度　　　　　　　表 3-3

类型	内容
对生态条件的满意度	动植物及其栖息地
	山岳景观
	乡村景观
	海岸景观
	其他（　　　）
对旅游条件的满意度	交通条件
	当地生活环境
	当地服务业管理
	经济社会发展
	其他（　　　）

（3）受访者对崂山资源发展需求的看法

调查问卷提出了12项对崂山资源开发的需求，如表3-4所示。每个受访者有4个不同的选择，范围从a（最不受支持）到d（最受支持）。受访者对资源开发的态度和需求反映了不同公众参与者的不同利益，这是崂山规划和管理中需要注意的问题，也是为决策者提供政策设计、监督控制和管理选择的依据。

崂山资源开发的需求　　　　　　　　表3-4

序号	需求
1	观光（　）
2	祭拜（　）
3	海水浴场（游泳）（　）
4	文化活动（　）
5	钓鱼（　）
6	登山（　）
7	采摘（　）
8	访问亲友（　）
9	乡村节假日活动（　）
10	滨海咖啡厅、餐馆开发（　）
11	滨海公园绿色建设（　）
12	房地产开发（　）
13	其他（　）

本书对生态旅游满意度和资源开发需求的调查结果进行了定量分析。将受访者的主观意见转化为可分析的量化数据，以增强研究者对公众参与者的理解和用户之间的沟通。这种方法可以为旅游研究提供分析能力和批判性解释。我们通过评分将问卷结果数字化。对于每个问题，选择"最满意"作为答案的得分为100，"满意"的得分为75，"基本满意"的得分为50，"不是很满意"的得分为25。

在崂山价值—满意度—需求的分析上，书中将其分为两个层次。首先，在崂山满意度数值层面，得到崂山每个风景特质区域的生态旅游数值（生态保护/旅游发展），进一步用于崂山生态旅游管护线的划分。其次，在价值—满意度—需求关系层面，通过对不同公众参与者信息的统计和比较，探讨四组信息的异同，找到公众参与者之间隐藏的矛盾冲突，为崂山资源可持续提出人群优化策略。

3.3.3　崂山中公众参与者的研究结果

3.3.3.1　总体数据分析

本书通过问卷调查获得数据。根据人群类型分层抽样调查，将调查对象分为当地居民、旅游从业者、政府管理者和游客四类，每个风景特质区域发放问卷 30~50 份。2022 年 3 月 24 日至 2022 年 10 月 27 日，笔者对崂山风景名胜区 20 个风景特质区域进行了问卷调查，共收集到 582 份问卷。

在这次调查中共收到 475 份有效问卷，崂山风景名胜区的公众参与者个人情况见表 3–5。在参与问卷调查中，超过 60% 的参与调查者是女性。从教育水平的差异来看，大学及以上学历占比最大，占 44%；其次是大专学历，占 35.16%。从年龄上看，人数最多的是 20~30 岁的公众参与者，占 31.79%；其次是 30~40 岁，占 27.16%。游客占公众参与者的 36.42%，当地居民占 23.79%，还有与旅游相关的从业者和当地的政府管理人员，这些都是崂山风景名胜区生态旅游的公众参与者。

公众参与者个人情况　　　　　　　　　　　表 3–5

性别	人数 / 个	百分比 /%
男性	180	37.89
女性	295	62.11
教育水平	人数 / 个	百分比 /%
初中及以下	36	7.58
高中	63	13.26
大专	167	35.16
大学及以上	209	44.00
年龄	人数 / 个	百分比 /%
<20	7	1.47
20~30	151	31.79
30~40	129	27.16
40~50	118	24.84
>50	70	14.74
人群类型	人数 / 个	百分比 /%
当地居民	113	23.79
旅游从业者	112	23.58
游客	173	36.42
政府管理者	77	16.21

本书中，崂山风景名胜区的生态系统的社会价值是由公众参与者如何消费 100 元决定的，公众参与者对崂山风景名胜区生态价值的分配如图 3-6 所示。由图可得，文化价值（C）是十项价值中得分最高的，分值为 56.09，占 14%，这表明崂山最以道教名山闻名于世，这一结果与众多研究一致。另外，崂山的美学价值（A）和经济价值（E）紧随其后，证明了崂山因其壮观的山海景色经久不衰。

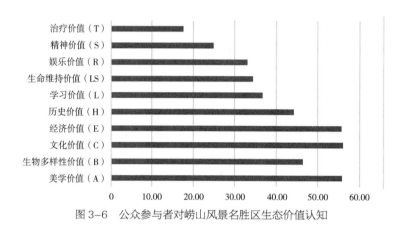

图 3-6　公众参与者对崂山风景名胜区生态价值认知

本书进一步考察了崂山风景名胜区中的公众参与者对崂山生态价值理解的异质性，结果如图 3-7 所示。经数据统计，游客对崂山生态价值的看法较为平均，最为重视美学价值（A），达到 18%；其次是娱乐价值（R），为 14%。游客的目标为具有最高自然水平和显著原始生态价值的地区。在当地人中，社区居民和旅游从业者认为崂山最具经济价值（E），政府最重视崂山的文化价值。

社会价值可被视为类似于经济价值的表现形式。生态系统服务的社会价值可以衡量崂山中公众参与者与土地之间的关系，间接反映了不同公众参与者的态度和价值偏好，更揭示了人类的精神需求和时代发展特点，可以为崂山管理规划人员提供一定的数据参考。

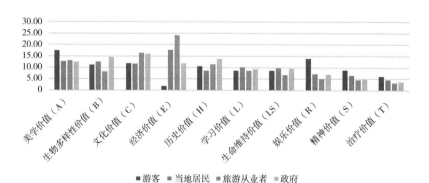

图 3-7　公众参与者对崂山风景名胜区的价值理解的异质性

公众参与者对生态旅游满意度的异质性如表 3-6 所示。统计发现，当地居民对崂山风景名胜区的生态旅游满意度明显高于其他公众参与者，特别是对乡村景观、交通条件和当地生活环境的满意度。旅游从业者对动植物及其栖息地和山岳景观的满意程度高于其他公众参与者。游客对崂山生态旅游的满意度明显低于其他公众参与者，特别是对乡村景观、交通条件、当地生活环境和经济社会发展的满意度。

公众参与者对崂山风景名胜区的生态旅游满意度的异质性　　　单位 /%　　表 3-6

类型	内容	游客	当地居民	旅游从业者	政府
对生态条件 的满意度	动植物及其栖息地	85.35	83.21	86.25	85.00
	山岳景观	90.48	89.83	92.81	90.63
	乡村景观	64.55	80.29	75.52	71.25
	海岸景观	68.52	78.04	75.94	69.38
对旅游条件 的满意度	交通条件	63.53	80.42	75.52	74.17
	当地生活环境	67.18	81.33	74.58	75.21
	当地服务业管理	71.68	81.88	79.06	74.17
	经济社会发展	65.42	74.42	71.04	70.21
	共计	576.72	649.42	630.73	610.00

本书中的满意度调查包括公众参与者对动植物及其栖息地、山岳景观、乡村景观、海岸景观、交通条件、当地生活环境、当地服务业管理和经济社会发展的满意度，是一个综合性的调查。风景名胜区的可持续发展是一种范式，它不仅要迎合经济和社会的发展，同时需要确保生态环境的合理管制。这是一种新的发展理念，它包括对环境问题的持续关注，并考虑当地社会经济的整体发展。本书对崂山风景名胜区生态旅游满意度的调查与此理念一致，上述测评的满意度评分要素均基于环境管理和社会经济两个领域。对以上满意度数据进行总结，数据说明当地居民对生态旅游的满意度最高，其次是旅游从业者和政府，而游客的满意度最低。

公众参与者对崂山风景名胜区资源开发需求的异质性如图 3-8 所示。数据表明，政府和游客对崂山风景名胜区的开发需求普遍低于旅游从业者和当地居民，特别是对海水浴场、钓鱼、采摘、访问亲友、乡村节假日活动、房地产开发的需求。政府对自然资源的开发要求不高，可以有两种理解：①政府认为崂山风景名胜区最重要的无非是崂山的风景资源；②政府对风景资源的现状感到满意，特别是钓鱼、采摘、滨海咖啡厅餐馆开发、滨海公园绿色建设、房地产开发的需求。游客对自然资源的开发要求不高，可以有两种理解：①游客到崂山风景名胜区的主要目的是享受自然和原始生态价值；②游客对风景资源的现状感到满意，特别是海水浴场、钓鱼、房地产开发等项目。通过总结所有的资源开

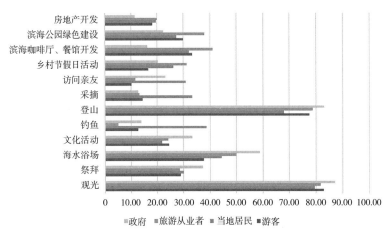

图 3-8　公众参与者对崂山风景名胜区资源开发需求的异质性

发需求，表明政府对资源开发的需求最低，其次是游客和旅游从业者，而当地居民的需求最高。

另外，研究发现，与社区居民和政府相比，旅游从业者对乡村节假日活动、滨海咖啡厅餐馆开发和滨海公园绿色建设的开发需求明显较高，这与他们的职业追求一致。与游客和政府管理者相比，当地居民对钓鱼、采摘和访问亲友的开发需求较高，这些都与当地居民息息相关。对于政府，数据显示他们对观光、祭拜等活动和海水浴场等自然风光的需求较高，对文化活动和登山也明显高于其他公众参与者。综上所述，对于未来发展需求，公众参与者都是根据自己的专业需求或生活需求提出的，而资源利用的方式在大多数情况下是排他性的，所以冲突是不可避免的。例如，码头的建设与滨海公园建设不能共存，最终规划管理者只能选择其中一种资源开发行为。当把公众参与者理论应用于旅游业时，最重要的问题是如何通过公众参与者之间的有效合作来减少冲突。一些学者认为，公众参与者的合作有助于实现当地旅游业的可持续发展。

3.3.3.2　崂山景观类型分析

崂山的景观类型分为自然景观、历史景观、聚落景观三大类，基于此，将公众参与者的调查问卷数据划分为三类，并比较不同类型中公众参与者的价值、满意度和需求的区别。

在自然景观类型中，公众参与者对生态价值理解的异质性如图 3-9 所示，经济价值（E）是所有十个社会价值中最高的，然而却较少有游客的参与，这表明在自然类型中，崂山风景名胜区的经济价值得到了其他三类公众参与者极大的关注。另外，游客对生态价值的理解与当地人明显不同，游客最重视美学价值（A），达到 18%；其次是娱乐价值（R），为 13%。在当地人中，当地居民和旅游从业者最重视经济价值（E），分别达到 21% 和 26%；而政府最重视文化价值（C）。在历史景观类型中，公众参与者对生态价值的理解如图 3-10 所示，生物多样性价值（B）是所有 10 个社会价值中最高的，其中当地居民占比最多，达到31%；其次是政府，为30%。这表明在历史类型中，生物多样性价值得到了公众参与者极大的关注。另外，游客、政府、旅游从业者对生态价值的理解各不相同不同，游客最重视娱乐价值（R），达到16%；其次是娱乐价值（C），为15%。旅游从业者最重视经济价值（E），达到21%，政府最重视文化价值（C），为17%。在聚落景观类型中，公众参与者对生态价值的理解如图3–11所示，美学价值（A）是所有10个社会价值中最高的，其中旅游从业者占比最高，达到30%，这表明在乡村类型中，崂山风景名胜区的美学价值得到了公众参与者极大的关注。同时，游客对生态价值的理解与之相同，游客最重视美学价值（A），占游客社会价值总值的22%，其次是文化价值（C），为19%。当地居民最重视娱乐价值（R），达到16%；旅游从业者最重视文化价值（C），达到23%；政府最重视经济价值（E），占24%。

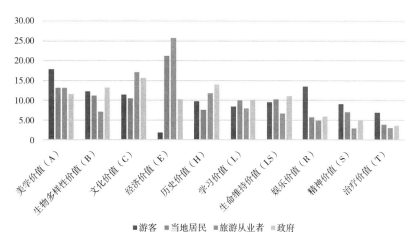

图 3–9　自然景观类型中公众参与者对崂山风景名胜区的价值认知

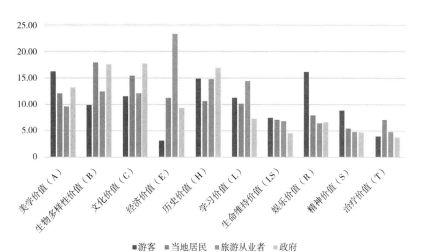

图 3–10　历史景观类型中公众参与者对崂山风景名胜区的价值认知

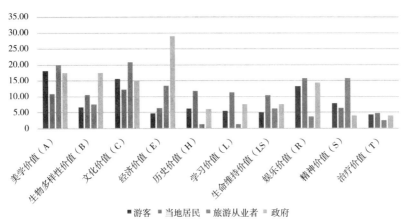

图 3-11　聚落景观类型中公众参与者对崂山风景名胜区的价值认知

　　对于崂山风景名胜区的自然、历史、乡村三个景观类型的社会价值来说（表 3-7），公众参与者最看重在乡村景观类型中的美学价值（A），其次是自然景观类型中的经济价值（E），最后是历史景观类型中的生物多样性价值（B）。由此说明，公众参与者非常认同滨海的山岳型风景名胜区中乡村景观，还说明公众参与者证明了秀丽的自然风光能带来可观的经济价值，崂山风景名胜区是发展旅游业的基石。同时，崂山历史名园中的古树名木等被认为是不可或缺的一部分，提醒了人们生态系统中生物多样性价值的重要性。

崂山风景名胜区中不同景观类型的价值分布情况　　　　　　　　　　表 3-7

类型	内容	自然	历史	乡村	共计
社会价值类型	美学价值（A）	55.65	51.04	66.50	173.20
	生物多样性价值（B）	43.80	57.78	42.17	143.74
	文化价值（C）	54.82	56.72	63.75	175.29
	经济价值（E）	59.06	47.12	48.75	154.93
	历史价值（H）	43.30	57.14	25.17	125.60
	学习价值（L）	36.49	43.11	25.50	105.10
	生命维持价值（LS）	37.63	26.01	29.08	92.72
	娱乐价值（R）	29.96	37.19	47.25	114.41
	精神价值（S）	23.96	23.78	34.00	81.74
	治疗价值（T）	17.39	19.69	15.50	52.59

　　在自然景观类型中，公众参与者对生态旅游满意度如表 3-8 所示。数据显示，当地居民对于崂山自然景观类型生态旅游满意度明显高于其他公众参与者，特别是对乡村景观、交通条件、当地生活环境、当地服务业管理的满意度。游客对动植物及其栖息地的满意程

度高于其他公众参与者，旅游从业者对山岳景观和海岸景观的满意度比其他公众参与者高。游客在自然景观类型中的生态旅游满意度明显低于其他公众参与者，特别是对乡村景观、交通条件、当地生活环境和经济社会发展的满意度。

自然景观类型中公众参与者对崂山风景名胜区的生态旅游满意度　　　表 3-8

类型	内容	游客	当地居民	旅游从业者	政府
对生态条件的满意度	动植物及其栖息地	87.61	81.85	86.61	86.31
	山岳景观	91.26	88.99	93.01	91.96
	乡村景观	61.96	78.57	73.96	73.21
	海岸景观	69.51	77.68	77.83	71.43
对旅游条件的满意度	交通条件	63.47	81.25	73.07	72.32
	当地生活环境	66.02	81.85	74.11	72.92
	当地服务业管理	73.43	82.14	76.93	73.21
	经济社会发展	64.10	75.60	69.94	70.54
	共计	577.36	647.93	625.46	611.90

在历史景观类型中，公众参与者对生态旅游的满意度如表 3-9 所示。其中，政府对于崂山历史景观类型生态旅游满意程度最高，特别是对山岳景观、交通条件、当地生活环境和经济社会发展的满意度。其次是当地居民，当地居民对乡村景观、海岸景观的满意度比其他公众参与者高。旅游从业者对动植物及其栖息地、当地服务业管理的满意程度高于其他公众参与者。游客在历史景观类型中的生态旅游满意度均低于其他公众参与者，特别是对当地生活环境的满意度。

历史景观类型中公众参与者对崂山风景名胜区的生态旅游满意度　　　表 3-9

类型	内容	游客	当地居民	旅游从业者	政府
对生态条件的满意度	动植物及其栖息地	84.72	85.42	86.46	82.29
	山岳景观	93.40	92.71	93.75	96.88
	乡村景观	69.44	82.29	73.96	71.88
	海岸景观	67.01	72.92	69.79	71.88
对旅游条件的满意度	交通条件	71.53	82.29	80.21	83.33
	当地生活环境	73.61	82.29	69.79	86.46
	当地服务业管理	72.22	78.13	82.29	80.21
	经济社会发展	73.61	70.83	75.00	76.04
	共计	605.54	646.88	631.25	648.97

在崂山聚落景观类型中，公众参与者对生态旅游的满意度如表3-10所示。数据表明，旅游从业者对于崂山乡村景观类型生态旅游满意度明显高于其他公众参与者，特别是对乡村景观、当地生活环境的满意度。当地居民对动植物及其栖息地、山岳景观、海岸景观、经济社会发展的满意程度高于其他公众参与者。游客和政府在乡村景观类型中的生态旅游满意度明显低于当地居民和旅游从业者，特别是游客对动植物及其栖息地、交通条件、当地服务业管理的满意度以及政府对山岳景观、乡村景观和海岸景观的满意度上表现尤为明显。

聚落景观类型中公众参与者对崂山风景名胜区的生态旅游满意度　　　表3-10

类型	内容	游客	当地居民	旅游从业者	政府
对生态条件的满意度	动植物及其栖息地	70.83	88.33	83.33	81.25
	山岳景观	79.17	90.00	89.58	68.75
	乡村景观	72.92	88.33	89.58	56.25
	海岸景观	64.58	90.83	75.00	50.00
对旅游条件的满意度	交通条件	47.92	70.83	83.33	68.75
	当地生活环境	62.50	75.83	87.50	68.75
	当地服务业管理	58.33	87.50	87.50	68.75
	经济社会发展	58.33	73.33	70.83	56.25
	共计	514.58	664.98	666.65	587.5

对于崂山自然、历史、乡村景观类型中的生态旅游满意度来说，处于历史景观类型中的公众参与者满意程度最高，其次是自然景观类型中的，在乡村景观类型中的公众参与者满意度最低。另外，处于乡村景观类型中的旅游从业者对于崂山的生态旅游满意程度最高，其次是乡村景观类型中的当地居民。然而，处于乡村景观类型中的游客满意程度最低，其次是乡村景观类型中的政府满意度。由此证明，处在崂山乡村景观类型中的公众参与者对于崂山生态旅游的体验感差异大，乡村景观类型中的旅游从业者和当地居民明显比自然和历史景观类型中的同类多受益于生态旅游，相反，乡村景观类型中的游客和政府生态旅游体验感明显低于自然和历史景观类型中的公众参与者。历史景观类型中的四类公众参与者的生态旅游体验感差距最小，自然景观类型中的次之，乡村景观类型中的差距最大。

另外，四类公众参与者在不同的景观类型中的生态旅游满意度也不相同。游客在历史景观类型中的满意程度最高，特别是对于山岳景观、动植物及其栖息地、当地生活环境的满意度，其次是自然景观类型，特别是对于山岳景观、动植物及其栖息地、当地服务业管理的满意度，游客对于乡村景观的生态旅游满意程度最低，与历史景观相差90.97%。当地居民对于乡村景观的生态旅游满意程度最高，特别是山岳景观、海岸景观，其次是自然景观类型，对历史景观类型的满意程度最低，与乡村景观相差 18.13%。旅游从业者对于乡村景观类型的生态旅游满意程度最高，对于自然景观类型的生态旅游满意程度最低，相差 41.22%。政府对于历史景观类型的生态旅游满意程度最高，对于乡村景观的满意程度最低，差值为 130.21%。由此得出，游客和政府对于崂山三大景观类型的满意程度一致，对历史景观满意程度最高，其次是自然景观类型，对乡村景观类型满意程度最低。当地居民对于崂山景观类型的满意程度与游客和政府部门不同，他们对乡村景观类型的满意程度最高，对历史景观类型满意程度最低。最后，旅游从业者对于崂山景观类型的满意程度与其他公众参与者都不同，他们对自然景观类型的满意程度最低。因此，崂山公众参与者之间一定存在某些冲突，公众参与者之间需要联合规划管理，才能有效维持崂山风景名胜区风景资源的可持续。

在崂山自然景观类型中公众参与者对资源开发需求的异质性如图 3-12 所示。数据表明，游客对崂山风景名胜区的开发需求普遍低于其他公众参与者，特别是对海水浴场、房地产开发的需求。在自然景观类型中，对崂山开发需求最高的公众参与者是当地居民，特别是对钓鱼、采摘、访问亲友的需求。其次是旅游从业者，需求最低的是政府。

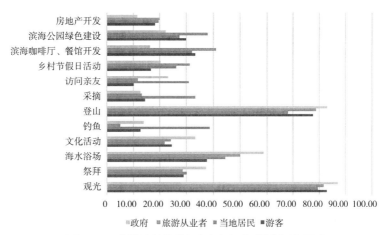

图 3-12　自然景观类型中公众参与者对资源开发需求

在崂山历史景观类型中公众参与者对资源开发需求的异质性如图 3-13 所示。旅游从业者在崂山历史景观类型中的开发需求最低，其次当地居民、政府，需求最高的公众参与者是游客。类似地，在乡村景观类型中（图 3-14），需求最低的是政府，其次分别是旅游从业者、当地居民和游客。

本章通过对崂山公众参与者的研究，构建了公众参与者分析框架，实践了公众参与者分析方法，得出了崂山公众参与者的研究结果数据。对于崂山"价值—满意度—需求"框架的应用结果，可以得出以下结论：

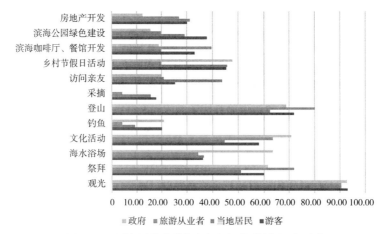

图 3-13　历史景观类型中公众参与者对资源开发需求

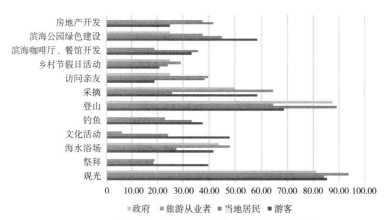

图 3-14　聚落景观类型中公众参与者对资源开发需求

（1）价值方面

公众参与者对崂山价值认知较高的依次是：经济价值、文化价值、美学价值；最低的依次是：治疗价值、精神价值。其中，经济价值中公众参与者占比由高到低是：旅游从业者、当地居民、政府、游客；文化价值中由高到低是：旅游从业者、政府、游客、当地居民。由此得出，在崂山公众参与者中，旅游从业者和政府对崂山风景价值认知是处于深层次的，然而当地居民和游客对崂山风景价值认知是表面化的。

（2）满意度方面

不同公众参与者对崂山生态旅游满意度由高到低是：当地居民、旅游从业者、政府、游客。由此得出，崂山生态旅游满意度与公众参与者和与崂山的关系息息相关。

（3）需求方面

公众参与者对崂山资源开发需求由高到低分别是：观光、登山、海水浴场、祭拜等。

观光需求中公众参与者占比由高到低是：政府、游客、旅游从业者、当地居民；登山需求由高到低分别是：政府、旅游从业者、游客、当地居民。由此得出，不同公众参与者的需求与自身利益紧密联系，例如，当地居民更注重乡村旅游的经济价值，对登山需求不高；游客更注重能带给自己更好享受的观光、登山活动等。

（4）崂山三种景观类型分类

①在自然景观类型中公众参与者开发需求由高到低为：观光、登山、海水浴场。其中，观光需求公众参与者由高到低为：政府、游客、旅游从业者、当地居民；登山需求由高到低为：政府、旅游从业者、游客、当地居民；海水浴场需求由高到低为：政府、旅游从业者、当地居民、游客。②在历史景观类型中公众参与者开发需求由高到低为：观光、登山、祭拜。其中，观光需求由高到低为：游客、政府、旅游从业者、当地居民；登山需求由高到低为：旅游从业者、游客、政府、当地居民；祭拜需求由高到低为：旅游从业者、政府、游客、当地居民。③在乡村景观类型中公众参与者开发需求由高到低为：观光、登山、采摘。其中，观光需求由高到低为：旅游从业者、游客、当地居民、政府；登山需求由高到低为：当地居民、政府、游客、旅游从业者；采摘需求由高到低为：旅游从业者、游客、政府、当地居民。由此得出，三种景观类型中，公众参与者需求的前两项一致认为是观光和登山，第三项根据景观类型差异分别为海水浴场（自然景观类型）、祭拜（历史景观类型）和采摘（乡村景观类型）。另外，政府对于自然景观类型的需求程度较高，旅游从业者对于历史和乡村景观类型的需求较高，当地居民对于乡村景观类型的需求较高。由此得出，公众参与者的需求同样基于自身出发，同时以利益为导向。

第 4 章
崂山风景资源的保护对象：乡村聚落

4.1 崂山乡村聚落的保护背景

崂山风景区作为人与自然和谐发展的典型地区，是生态文明建设的重要对象。崂山风景区位于青岛市城乡过渡区域，是典型的近郊型风景区。由于其特殊的背山面海的丘陵地形，与一览无余的平原地形相比，在一定条件下约束了景区内乡村聚落的三产发展与建设，却也造就了其不同于其他地区的特色景观风貌。

随着旅游业的高速发展，近郊型风景区由于特殊的空间区位，往往受到旅游者和城市居民的青睐，承担着旅游和游憩的双重功能。但在风景区不断发展的过程中，经济利益的诱惑使得乡村聚落在发展中忽略了景观风貌的保护与传承，这不仅使乡村中的地方差异性日益缩小，也导致景区内乡村风貌与聚落肌理遭到极大破坏。

乡村聚落景观伴随着乡村聚落发展更替，在岁月变迁中沉淀出无可替代的地域性特色，在方方面面都综合体现着乡村聚落的社会发展、经济水平与文化现状。在当今社会背景下，对崂山风景区进行保护时，除了对特色文物古迹、生态条件进行保护，也需对其中的人居环境进行保护与传承，探析其特色所在、分析其景观价值，以构建与产业相辅相成的乡村风貌，辅助崂山景区内乡村聚落的经济社会发展。

综上可见，我们在进行乡村建设过程中面临着严峻的考验。而如何在优化乡村聚落空间环境、促进村景群落协同发展的同时又能传承乡村聚落的文化内核是亟须解决的问题。对乡村聚落进行景观格局营构和乡村景观特征价值研究，是维护乡村聚落多元性、促进乡村可持续发展的重要任务。

乡村是具有自然、社会、经济特征的地域综合体，兼具生产、生活、生态、文化等多重功能，与城镇互促互进、共生共存，共同构成人类活动的主要空间。乡村蕴含着丰富的生态文化景观，并承载着无可替代的时代记忆。2018 年国务院印发《乡村振兴战略规划（2018—2022 年）》，将乡村振兴战略上升为国家发展战略，为统筹规划、科学推动，落实乡村振兴战略要求，提出要建设产业兴旺、生态宜居、乡风文明、治理有效、生活富裕的新时代乡村。实施乡村振兴战略，要统筹山水林田湖草系统治理，加快推行乡村绿色发展方式，加强农村人居环境整治，构建人与自然和谐共生的乡村发展新格局，实现百姓富、生态美的统一。2019 年，自然资源部办公厅印发《自然资源部办公厅关于加强村庄规划促进乡村振兴的通知》，在总体要求的规划定位中提出，村庄规划编制的主要任务要统筹生态保护修复，落实生态保护红线划定成果，明确森林、河湖、草原等生态空间，尽可能多地保留乡村原有地貌、自然形态等，系统保护好乡村自然风光和田园景观。加强生态环境系统修复和整治，慎砍树、禁挖山、不填湖，优化乡村水系、林网、绿道等生态空间格局。2019 年，国土空间规划体系提出要在资源环境承载能力和国土空间开发适宜性评价的基础上，科学有序统筹布局生态、农业、城镇等功能空间，打造山清水秀的生态空间，安全和谐、富有竞争力和可持续发展的国土空间格局，提出要坚持山水林田湖草生命共同体理念，加强生态环境分区管治。2020 年，党的十九届五中全会提出要优化国土空间布局，推进区域协调发展和新型城镇化。2021 年，中共中央再次颁布《关于全面推进乡村振兴加快农业农村现代化的意见》，强调"全面推进乡村振兴"，大力实施乡村建设行动，加快建设美丽乡村，改善农村人居环境。

这一系列文件都使得乡村发展日益加快，为乡村聚落相关研究提供了政治上的支持与政策上的鼓励。但在乡村发展日益受到重视的同时，伴随着现代化城市发展规模的扩张，乡村的形态、规模、尺度、景观等方方面面都受到了破坏甚至消失，乡村景观逐渐与城市趋同。在上述文件中，党和政府均明确指出了进行乡村聚落空间环境及文化景观研究在乡村规划中的重要性和必要性，提出"美丽乡村""留住乡愁""保留村庄原始风貌"等宏伟构想。然而在实践中，因缺乏对乡村地脉、文脉的考据研究，迫使乡村景观发生"地方感消弭"现象，从而乡村景观千篇一律，乡愁记忆日益丧失。而如何才能在经济发展的同时保留住乡村的传统特色，挖掘乡村独特的人居智慧，仍然是深深困扰相关专家和学者的难题。

与国外的国家公园相比，中国国家级风景名胜区建立相对较晚。1982 年，我国正式公布了首批国家级重点风景名胜区，并建立风景名胜区有关管理制度。此后，伴随着旅游业的高速发展，近郊型风景名胜区由于其特殊的空间区位，往往承担着旅游和游憩的双重功能。风景名胜区内的乡村聚落是景区重要的组成部分，也是景区内重要的人文资源。事实上，仅山东省范围内，75 个传统村落的 40 余个位于国家级、省级风景名胜区内，例如崂山国家级风景名胜区的青山村、青州省级风景名胜区的井塘古村和胡林古村，体现了美丽乡村规划在风景名胜区中的重要地位。

风景名胜区乡村在乡土风貌、文化资源、旅游服务等方面有重要价值，寻求乡村发展与景区保护的平衡，成为风景名胜区乡村振兴战略的重点和难点。据农业农村部统计，风景名胜区内乡村人口占 48％，是风景名胜区发展的核心动力。但在景区发展过程中，为满足自然保护地的生态保护要求，对于保护地区域内的乡村聚落多采用"一刀切"模式进行村域规划。对乡村聚落生存理性、营建模式、文化底蕴的调研与识别不够彻底，对乡村发展设施服务、政策研究的落实不够深入，导致地域村庄特色性文脉缺失，乡村聚落同质化严重，从而使保护地内乡村聚落的景观资源和文化资源未得到有效保护，如传统聚落、乡野农田、历史遗迹等物质性遗产被严重破坏，乡村聚落内地域文化也逐渐丧失。

4.1.1 崂山风景名胜区乡村聚落概况

（1）崂山乡村聚落自然地理景观概况

本节从宏观视角出发，建立对崂山乡村聚落整体风景营构的认知，运用 ArcGIS 空间分析工具，根据所获取的一手数据资料，建立模型、再现空间场景，对乡村聚落选址特征（高程、坡度、坡向、起伏度、水文、气候）进行分析，确保数据信息科学合理，从而总结崂山乡村聚落选址的规律和山水环境对其的影响。

（2）崂山风景名胜区乡村聚落宏观分布

崂山风景名胜区内共有 190 个行政村。研究通过提取村落 GPS 定位并导入 ArcGIS 10.6 软件中进行可视化。如图 4-1 所示，崂山风景名胜区内的村庄布局总体上呈西密东舒的布局形式，沿海地区村落较少，并呈线状布局沿海岸线分布。

图 4-1 崂山村落总体分布情况

采用 ArcGIS 10.6 软件对崂山风景名胜区乡村聚落点进行平均最近邻分析，得到崂山风景名胜区内乡村聚落平均观测距离为 671.14m，预期平均距离为 870.37m，最邻近比率（Rn）为 0.77。满足 $Rn<1$，z 值为 –6.02，p 值为 0，表明研究区域内乡村聚落呈集聚分布。进而采用核密度分析工具对崂山风景名胜区乡村聚落点分布状况进行研究，在对半径进行多次赋值实验后，最终确定以 0.3km^2 为搜索半径效果最佳，获得崂山风景名胜区乡村聚落核密度空间分布特征（图 4-2）。

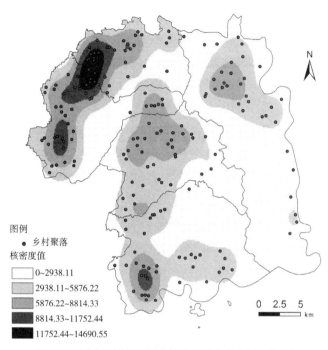

图例
• 乡村聚落
核密度值
☐ 0~2938.11
☐ 2938.11~5876.22
☐ 5876.22~8814.33
■ 8814.33~11752.44
■ 11752.44~14690.55

图 4-2　崂山风景名胜区乡村聚落核密度空间分布特征

综上所述，为弥补现有的乡村聚落景观研究的不足，本章将从以下几个方面入手：

首先，完善乡村聚落景观的研究对象，将研究对象从自然景观扩展到文化景观。其次，在研究内容上，将乡村聚落景观视为一个呈纵横交错的近郊型风景名胜区整体系统，从横向的时间发展到纵向的空间层积，从系统的视角入手，融合多学科的研究方法，对乡村聚落景观展开研究。在研究方法上，结合空间分析的尺度研究，除对其景观形态层面进行分析外，同时结合质性分析方法，基于地方文化对聚落空间景观影响的研究，对聚落空间优化实践中社会结构和社会关系网络的构建进行研究，解析景观形态背后的形成机制。

崂山风景名胜区是我国首批列入国家级风景名胜区的重要自然保护地，是中国重要的海岸山岳风景胜地，也是历史悠久的道教名山。崂山地处海隅，自古享有"神仙之宅，灵府之异"的美誉，其风景资源独特、大地景观秀美、历史文化丰富。崂山内的乡村聚落建制悠久，是崂山风景名胜区整体景观不可忽略的组成部分，因此有必要对其进行深入研究。

崂山风景名胜区划分为 5 个街道办事处，靠近沿海为沙子口办事处和王哥庄办事处，陆地范围有北宅办事处、夏庄办事处和惜福办事处。村庄布局沿崂山自然保护区总轮廓四下散开，比较分散，总体上呈东疏西密的布局形式。沿海地区分布较少，呈线状布局沿海岸线分布。

崂山风景名胜区地带内地形地貌特征具有独特性，乡村聚落选址和布局展现了人工与自然结合的文化景观典范，涵盖了历史发展、宗教文化、贸易生产、政策管理、人口变迁、生态保护等多方面内容的广泛影响。

4.2　崂山乡村聚落的形成与保护

崂山风景名胜区乡村聚落以崂山山地为依托，依山傍海的特殊自然环境与人文环境是崂山风景名胜区乡村聚落景观的摇篮。本章节从宏观尺度对崂山风景名胜区的自然、社会与人文环境背景进行剖析，这是了解崂山内乡村聚落景观形成机制的前提。

4.2.1　崂山乡村聚落景观构成

乡村是中国版图的重要组成部分，"露从今夜白，月是故乡明"，乡村是很多人的家园故里和精神港湾。自党的十八大以来，乡村建设一直被摆在我国社会主义现代化建设的重要位置。在传统"天人合一"的哲学思想的影响之下，中国先民已经产生了许多与自然环境和谐共处的规律法则和文化积淀。乡村聚落作为农耕文明中重要的社会组成，是指农村居民与周围自然、经济、社会和文化环境相互作用的现象和过程。它是指以农业为主要社会生产方式并具有一定规模和历史文化遗存的聚居地，不仅是民居建筑及其生产、生活设施的集合体，还包括支撑其发展生存的区域自然环境与生产活动空间。而乡村聚落作为我国风景名胜区发展的核心动力，蕴含着丰富的历史信息和文化景观，其发展与风景名胜区息息相关。

乡村作为行政区划中最小的空间尺度，其空间内部的景观构成必定存在一定的独特性，对乡村景观的分类研究是景观评价、景观保护以及管护和规划的重要前提与基础。乡村振兴战略提出乡村振兴不仅是经济的振兴，也是生态的振兴、社会的振兴，文化、教育、科技、生活的振兴，以及农民素质的提升。明确提出以实现"产业兴旺、生态宜居、乡风文明、治理有效、生活富裕"的农业农村现代化为总要求和发展目标。

因此，本书基于风景园林学角度从上述五大诉求中提取出为以生态为主的"人—地"自然地理景观、以业态为主的"人—人"社会结构景观、以形态为主的"人—居"形态格局景观以及以文态为主的"人—文"精神信仰景观。

4.2.2　崂山乡村聚落自然地理景观风貌

4.2.2.1　崂山风景名胜区地理区位

崂山是著名的道教名山，位于胶东半岛东端，耸峙黄海之滨，为中国沿海第一高山。

崂山东部与南部面海，山势陡峭，地形复杂，沿海地区形成较多海湾及岬角。由于山高面海，形成冬无严寒、夏无酷暑的绝佳避暑气候，使得崂山自古以来便是出游胜地。

4.2.2.2　崂山风景名胜区乡村聚落宏观分布

崂山风景名胜区乡村聚落集聚中心主要位于西北方向的惜福街道办事处和夏庄街道办事处接壤地带，核密度值最大，空间集聚度最高。此外，还形成了四处次集聚中心：夏庄街道办事处西南区域、北宅社区北部区域、沙子口街道办事处西南角及王哥庄街道办事处北部地区。崂山风景名胜区内乡村聚落空间分布总体上呈现出北多南少、西多东少的显著特征。

4.2.2.3　崂山风景名胜区乡村聚落山水格局

（1）地质地貌

崂山山体以花岗岩为主，山峰等高线密集，乱石巉岩，逼仄难度。历经长期的自然演变和地壳运动，逐步构成现存的各具特色的三类地貌形态。东部为花岗岩侵入形成崂山山脉，山体上较为裸露，山体受到水流冲刷延伸以及海水拍打侵蚀而形成严峻屹立形态；中部地区为丘陵过渡带并有河流下游形成的小冲积平原；西部为火山岩形成的波状平原（图 4-3）。

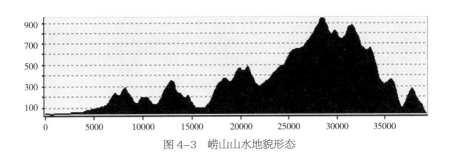

图 4-3　崂山山水地貌形态

（2）海拔高程

崂山作为我国重要的滨海山地保护地，幅员辽阔，地形复杂。崂山地处海隅，全境海拔最高约 1132.7m。顾炎武在《日知录》第三十一卷《劳山》中记载"其山高大深阻，磅礴二三百里。以其僻在海隅，故人迹罕至"，显示出崂山地形及区位极大地影响到人类的选址。崂山风景区属于青岛市近郊型风景名胜区，山系由东南向西北渐缓，崂山著名的七大景区均处于山势较为险峻区域。由图 4-4 可见，崂山山体高程呈现阶梯跌落变化，自西北向东南呈现三大屏障式起伏，山脉间的谷地与山脚平坦区域为乡村居民农耕生产提供了有利的地形条件。

基于样本区域数字高程模型在 ArcGIS 软件中提取的高程、坡度数据可见，崂山风景区中村落选址主要集中于相对平坦的山脚区域及山体中部的缓坡上。地理学上将 2000m 以下的山脉划为中低山，研究参考地理学对山体海拔的划分标准，将崂山山体高程划分为 4 类。其中乡村聚落多分布于 500m 以下的地区，且几乎均集中于 200m 以下的地区（表 4-1）。

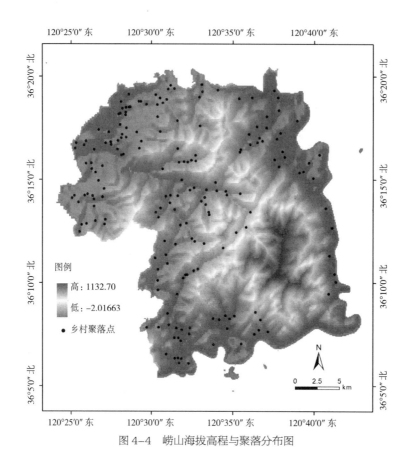

图 4-4　崂山海拔高程与聚落分布图

崂山乡村聚落高程分布　　　　　　　　　表 4-1

高程 /m	特征	面积百分比 /%	聚落数量 / 个
0~200	低丘	61	181
200~500	丘陵	28	9
500~800	低山	9	0
800~2000	中山	2	0

（3）地形起伏

地形起伏是区域乡村聚落布局的基础，也是孕育乡村景观的摇篮，制约着乡村聚落景观的发展。《中国 1：1 000 000 地貌图制图规范（试行）》（1987 年）将我国的地貌划分为 18 个基本形态类型（表 4-2）。在 ArcGIS 中，基于崂山数字高程模型（Digital Elevation Model，简称 DEM）数据计算出崂山区域内海拔高程的极值，再利用"栅格计算器"计算极值之间的差值，得到崂山起伏度地形图（图 4-5）。

中国地貌基本形态　　　　　　　　表 4-2

起伏高度 /m	<20	20~30	<100	100~200	200~500	500~1000	1000~2500	>2500
<1000	平原	台地	低丘陵	高丘陵	小起伏低山	中起伏低山	—	—
1000~3500					小起伏中山	中起伏中山	大起伏中山	极大起伏中山
3500~5000					小起伏高山	中起伏高山	大起伏高山	极大起伏高山
>5000					小起伏极高山	中起伏极高山	大起伏极高山	极大起伏极高山

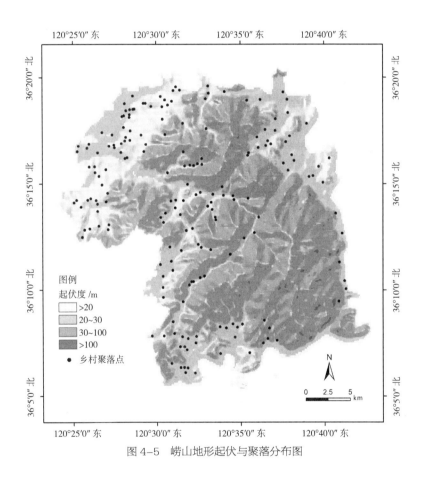

图 4-5　崂山地形起伏与聚落分布图

　　由于崂山整体海拔高度仅 1132m 左右，以起伏度小于 20m 的平原地和起伏度为
30~100m 的丘陵地为主，其次为台地。平原地区占据了崂山风景名胜区近一半的面积，其
中乡村聚落数量也高达 156 个，占崂山总体乡村聚落数量的 82％；低丘陵是崂山最主要的
地形状态，其乡村聚落数量仅 15 个；台地面积约占 10.8％，聚落数量为 19 个。可见，崂
山风景名胜区中的乡村聚落分布数量和地形起伏度类型面积大小具有一定联系，主要分布
于地形平坦、起伏度较小的平原地区；乡村聚落数量随着起伏度增加而减少，地形起伏度

小于 30m 的地区为主要分布区。

（4）地形坡度

一般而言，坡度也是影响早期聚落选址及其空间分布的重要因素。为研究聚落与其所处地面坡度的关系，在 ArcGIS 中使用斜坡（Slope）命令，使用 DEM 数据生成区域地面坡度栅格图层，对坡度图层分析发现，崂山风景名胜区内地面坡度最小为 0°，最大为 33.20°（图 4-6），因此本书结合国际地理学联合会地貌调查与地貌制图委员会关于地貌详图应用的坡地分类标准划分出 0°~0.5°、0.5°~2°、2°~5°、5°~15°、15°~25°、≥ 25° 六类。

根据坡度图所示，村落多选址于坡度小于 5° 的平坦区域，尤其是地势平坦的西北部地区，村落点明显多于其他区域。随着坡度不断升高，乡村聚落数量急剧减少。崂山属于青岛靠海的东部屏障，山海相依，平地较少，乡村聚落集中于 0°~25° 的平原和陡坡地带。

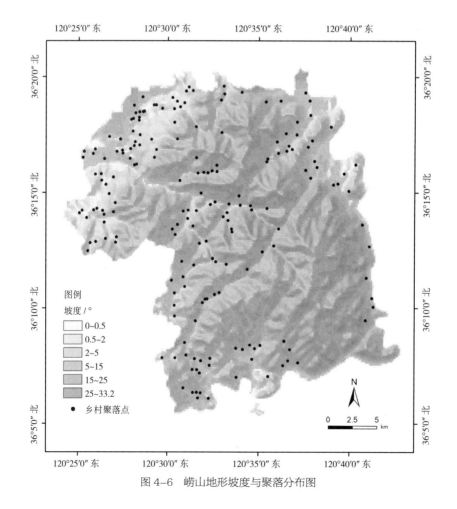

图 4-6　崂山地形坡度与聚落分布图

（5）聚落选址与坡向的关系

在山地型风景区中，坡向极大地影响了山体中的水热环境，从而影响着乡村聚落布局与形成，并对人们的活动产生了重要影响。研究参考地学领域中对坡向的分类，划分出阳坡、半阳坡、半阴坡和阴坡，在 ArcGIS 中生成崂山风景区内每个聚落所处地面的坡向图（图 4-7）。

如图 4-7 所示，崂山乡村聚落多位于阳坡，共有 68 个，占总面积的 28%。因此，阳坡中的乡村聚落分布较为紧密，聚落之间联系密切。此外，半阳坡聚落、半阴坡聚落、阴坡聚落之间数量差异较小。总体而言，在崂山聚落选址条件中，阳坡、半阳坡相对于半阴坡、阴坡具有一定的优势。但由于整体上崂山水热资源较好，聚落对于坡向没有绝对要求。

乡村聚落的形成和发展离不开水文的影响，水系是乡村聚落景观中最常见的自然要素之一，它与村庄息息相关、不可分割。乡村聚落和水系在不同的空间的形态下会产生不同的适应性变化，二者在岁月交替间磨合出彼此互利共赢的共生方式，保持和谐共存。

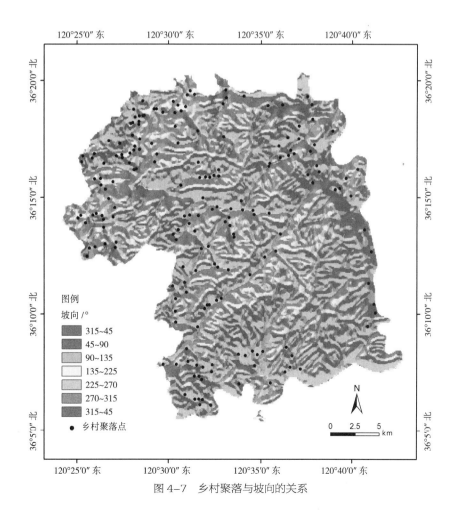

图 4-7　乡村聚落与坡向的关系

乡村聚落中水系形态多样，在崂山风景名胜区范围内主要分为线状水文和片状水文两大类别。线状水文多为崂山山体内部的泄洪沟、山涧和河流等，片状水文多为湖泊与人工打造的水库等。水域与乡村聚落间的区位关系多为相邻、相交两种类型，不同类型下的区位关系对乡村聚落的影响作用也有所不同。相邻水域是指水体和乡村聚落之间并无穿越关系，多为绕村而过的水系；相交水域是指水体和乡村聚落间存在穿越关系，水流将乡村聚落切割开来，此类区位关系的水文对乡村聚落具有控制性影响。

崂山主要为山地丘陵沿海地貌，除东南临海外，其景区内部也分布着不同流域间的河流和水库。崂山山体内分布着23条主要的河流，河流从山体中间向四周呈放射状分布，遍布崂山风景名胜区整个图幅。水域对于崂山村落分布也具有较高的影响（图4-8），促成了崂山丘陵地区村落选址的特殊性。

在崂山风景名胜区丘陵起伏地域内，地形崎岖，乡村聚落四周山脉环绕，水域流过的地区聚落选址地相对平坦，崂山内部的居民点多随河流走势选址定居，河流同道路一起构成了村落内部的空间"骨架"，具体呈现出村依水建、路顺河修的线性结构。而在崂山边缘处的平原地区，水文多为山涧汇聚而成的河流，与丘陵内部的河流相比，平原地区的水系并不是影响乡村聚落布局的指向性因素，道路修建也不再一味跟随河流，乡村聚落拥有多条主路。

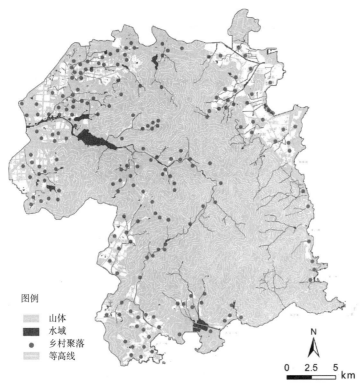

图例

▨ 山体
■ 水域
· 乡村聚落
▨ 等高线

N

0 2.5 5
━━━━━━━ km

图4-8　乡村聚落与水文之间的关系

在乡村聚落与水文距离关系上，研究采用 ArcGIS 10.6 地理信息系统软件近邻分析，计算出不同乡村聚落与水源地之间的欧氏距离及不同距离范围内乡村聚落的分布数量。结果表明，距水源 500m 以内的乡村聚落点共 58 个；有 40 个乡村聚落点距水源 500~1000m；距水源 1000~3000m 的有 63 个；而大于 3000m 的乡村聚落点共有 29 个，数量最少。

4.2.3　崂山乡村聚落社会结构景观风貌

本节对崂山乡村聚落的社会结构的分析包含了聚落形成和迁徙、宗族关系、乡规民俗、经济产业等。

4.2.3.1　崂山历史沿革

崂山境内最早为莱夷地，后于春秋时期隶属齐国，有"渔盐之利"。秦一统六国后，设郡县，崂山划为不其县。崂山"三围大海，背负平川，巨石巍峨，群峰峭拔，真洞天福地一方之胜境也"，于秦始皇时期便有方士带领童男女数千名，前去海域寻求长生不老之药。至汉代，崂山进入"耕织种牧，皆有调章"的兴盛时期，此时崂山隶属于东莱郡。至西晋，崂山隶属长广郡，治所设不其城。后南北朝期间，崂山作为礼教出国取经之地，宗教文化日益兴盛。隋唐时期崂山并入即墨县，崂山境域内乡村聚落均为即墨县管辖乡镇。至清朝后，国际战争打开国门，迫使崂山所处地域划入胶澳租借地，后分胶澳为青岛区与李村区，崂山境域内乡村居民因各类原因进行迁徙移民，崂山开始形成具有行政性质管辖实体。后历经波折，青岛市于 1988 年划分出崂山区，崂山大部分地域均隶属于崂山区内。截至 2021 年末，崂山风景名胜区内共下辖 5 个街道办事处，190 个行政村。

4.2.3.2　崂山乡村聚落沿革及迁徙

（1）建村时间

根据记载，崂山在古代一直隶属于即墨县，而即墨在古代被称为夷国，"自齐并秦，夷人殆尽"。现能查找到的关于崂山居民分布与迁徙的记载多为明后，自秦至元，记载极少。

本书通过文献查找，对崂山风景名胜区内 190 个乡村聚落进行梳理，根据对其乡村聚落沿革进行统计发现：据记载，崂山绝大部分乡村均于明清时期家族迁徙至现居地。其中最早有记载的乡村聚落在元朝时期，牟家村迁居于此。此外，明朝时期来此地定居的乡村共有 124 个，清朝定居于此的共 61 个，近现代时期仅 5 个。

通过对其不同年代乡村聚落选址制图可见（图 4-9），清朝前期的乡村多定居于崂山地势平坦处。据《胶澳志》记载："李村区及西北仙家寨一带气候温暖、土壤肥沃，且广及渔盐之力，人口密集。"而东南沿海地带因多为山地，地势陡峭、难以抵达等原因，乡村聚落居民点较少。直至清朝以后，东南沿海带才逐渐分散出乡村聚落定居，人口逐渐增加，地区开始发展起来，乡村聚落居民点日益增多。

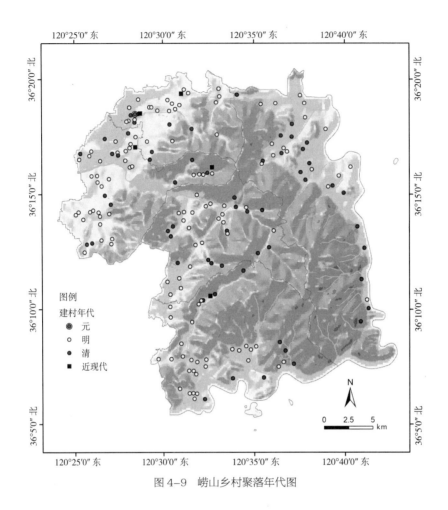

图 4-9　崂山乡村聚落年代图

（2）人口迁入

经上文自然地理景观的分析可见，今崂山风景区内的东南角地势起伏大，在明清时期道路交通条件限制下，东南角区域难以抵达，西北方向却属于地大物博之地。但在宏观尺度下，崂山总体上仍处于一种"以其僻在海隅，故人迹罕至"的地理区位。而缘何在明清时期突然涌现众多乡村聚落在此定居？

通过文献搜集与田野调查发现，如今大部分的崂山地域内的乡村聚落均由外地村落迁入，且多迁自于云南与即墨两处。此外，还包含崂山周边地区如城阳、莱阳、青州等地。据统计，迁入原因主要包括军事政策迁入、隐逸士人迁入与民间自发迁入三类。

第一类是由于元末明初之时，云南平定后，南北方的社会结构等均存在较大差异。朱元璋为了平定南方民族反抗，多次组织迁徙百姓前往边远地区开垦，实施"土流并治"等政治举措，发布诏令派遣以改变南方社会格局。据资料记载，从云南迁入崂山定居的乡村聚落共有 61 个，占崂山风景区乡村聚落的三分之一。但也有记载称，当时的云南迁崂人员本为山东半岛原籍军户驻军云南后返鲁的军户及其家属。

第二类为隐逸士人迁入崂山。明末清初时期风云动荡、政治变迁，伴随着崂山乡村聚落的发展与道教、佛教文化的盛行，政治上的落寞使得较多士子前往隐蔽的崂山定居。如黄宗昌、宋继澄、黄宗晓、黄培、周如锦等人，在崂山隐居数年，对崂山文化及其景观均作出了重要贡献。

第三类为民间自发迁入崂山。在皇诏播迁影响下，崂山乡村聚落明显增加。来崂百姓多以商贸交易、亲友拜访等原因前往崂山后定居。如黄家营村最初是由于黄氏于清初时期从即墨迁来看祖茔，后在崂山定居成村，名黄家营村。今沙子口村是因董得信、王吉同分别从董家埠、张村迁来经商而定居得村。

虽然迁入崂山定居的原因多样，但在不同原因及时代背景下，促进了崂山乡村聚落的发展态势，为崂山后来的地域文化、景观格局都奠定了基础背景，使得崂山风景区内乡村聚落景观更具在地性和社会性。

4.2.3.3　民间信仰体系

崂山作为我国的道教名山，历史悠久，文化底蕴浓厚。崂山内乡村聚落绝大部分是在明清时期所建而后逐步发展而成，距今约 600 多年的历史。崂山乡村聚落在发展和形成过程中不可避免地受到了崂山地区文化的影响，同时也在乡村聚落发展过程中孕育出具有本地地域性的乡土文化。

（1）崂山道教文化

崂山临海而立，山海环抱，自古以来一直是中国重要的道教名山。在道教中，崂山被誉为"道教全真天下第二丛林"。秦汉时期，秦始皇与汉武帝均曾亲临崂山以求长生不老的仙药与延年之术，西汉时期张廉夫弃官前往崂山，始建如今享有盛名的崂山太清宫。唐宋时期，帝王醉心方术，数位在帝王前享有盛名的高道前往崂山修道，修仙者将崂山视为幽奥寻真之境。入元后，王重阳来山东布教，创立全真道，收"全真七子"，后丘长春、刘长生等数次造访崂山，对崂山的道教影响深远，使其逐渐成为道教中心地区。明朝时期，帝王沉迷炼丹耽误朝事，道教兴盛之后又短暂衰败。崂山道教几经沉浮，直至清朝中期，发展鼎盛，拥有"九宫八观七十二庵"。

崂山道教兴盛时期，以道高被世人追捧的道人很多，在崂山相关方志中多有记载。现如今，崂山道教文化也是崂山风景名胜区宣传的重点资源，每年吸引众多游客前往。

（2）崂山佛教文化

与道教文化相比，崂山佛教文化名声相对较小。但崂山其实也是一座佛教名山，对中国佛教产生过重要的影响。

崂山的佛教寺庙最早记录始建于北魏时期。在南北朝时期，当时前往天竺等地取经的高僧法显，返国时在崂山南岸登陆，且法显曾受邀在崂山西侧传法"一东一夏"。当时，崂山周边居民已大多信佛。隋唐时期，崂山被佛教界推为圣地，那罗延窟传为那罗延佛成佛之所，被誉为"天下佛教第二洞窟"。明朝时期，崂山道教衰落，佛教却发展鼎盛，后"僧道之争"十余年，崂山佛教受到打击后一度衰弱。后清朝期间再度复兴，莲台寺、华严寺也是当时享有盛名的崂山寺庙。

在崂山，佛教文化不仅是一种宗教文化，也是崂山村民们所拥有的基因底色。流传民间的神话故事、宗教香火经久不衰，崂山中的宗教建筑、景观风貌，都是崂山文化的活化石，蕴含着崂山的地域性与神圣性。

除了影响力最广泛的宗教文化，崂山中也拥有浓厚的民俗文化。崂山居民靠山吃山、靠海吃海，在百年来的生活下，创造了众多丰富多彩的传统文学、传统技艺、竞技和民俗。崂山拥有国家级非物质文化遗产项目 3 项、省级非物质文化遗产项目 5 项（表 4-3）。

崂山非物质文化遗产名录　　　　　　　　表 4-3

项目名称	项目类别	级别
螳螂拳	传统体育、游艺与竞技	国家级
崂山民间故事	民间文学	国家级
崂山道教音乐	传统音乐	国家级
古法花生油压榨技艺	传统技艺	省级
海产品制作技艺（沙子口金钩海米加工技艺）	传统技艺	省级
民间礼俗（崂山鲅鱼礼俗）	民俗	省级
茶传统制作技艺（崂山绿茶制作技艺）	传统技艺	省级
道教武术	传统体育、游艺与竞技	省级

4.2.3.4 业态经济

（1）第一产业

①农业

崂山农业发展深受地理形态和生态规划的约束，可用于农耕地域面积总体规模较小。1988 年，崂山土地总面积为 98590hm²，耕地面积为 22868.7hm²，耕地面积占比非常重。但截至 2021 年底，崂山全区人均耕地面积仅有 0.1hm²/人。且在崂山风景名胜区内，耕地多分布于崂山乡村聚落周边地带，依附着崂山乡村聚落居民生产需要而开垦。近些年来，随着旅游业等第三产业逐渐扩张，崂山农业日益衰退，自给自足的小农经济逐渐成为过去式。

②渔业

崂山毗邻海岸，三面环海，东有崂山湾，南有沙子口湾，西临胶州湾，海域内生物链丰富，山海资源自古以来便很充沛。崂山内沿海地区乡村聚落从建村起便以捕鱼为生，乡村聚落的捕鱼传统至今已有上百年的历史。如崂山内的青山渔村，便是典型的以捕鱼为主的村落。清代进士江如瑛曾在《青山道中》描述其渔村情境为"鸥队闲云外，人家乱石中；居民浑太古，十石半鱼翁"。除青山渔村外，黄山村也有近三分之二的居民从事捕捞海蜇的工作。伴随着渔业的发展，在崂山乡村聚落内留下了如渔村、渔港码头、渔业船舶等类型的特殊海域乡村聚落景观。

③种植业

近些年来，崂山乡村聚落多出现以种植业为主的经济发展，如青山村开展的茶叶种植、北九水以樱桃为特色等。其中，崂山的茶叶种植已经成为乡村聚落居民的重要收入来源。崂山茶园面积达 2 万余亩[①]，共涉及 105 个农村社区。茶叶生产不仅是崂山农业增收的特色支柱产业之一，也是崂山景观必不可少的重要组成。2021 年，崂山举办首届崂山茶产业博览会，评选出"崂山茶十二景"（表 4-4），充分体现了崂山茶叶作为崂山乡村聚落景观的重要地位。除此之外，崂山王哥庄街道联合当地茶文化，出台了一系列旅游线路，以文化带动旅游产业，打造出"遍地是特产，随处见风景"的乡村聚落旅游体验，展现着"村村有茶园，户户飘茶香"的乡村聚落景观风貌。

崂山茶十二景　　　　　　　　　　　　　　　　表 4-4

序号	崂山茶十二景名称	所属乡村聚落
1	青山茶园	青山村
2	晓望茶文化博物馆（二龙山千亩茶田）	晓望村
3	万里江茶博物馆	西陈村
4	云泉春生态茶园	大河东
5	晓阳春·茗山房	王哥庄
6	碧海蓝田生态茶园	囤山
7	崂山云雾有机茶基地	王家村
8	北崂精品茶种植区	北崂
9	涵雪饮品生态茶基地	周哥庄村
10	正礼茶业崂山书院基地	岭西
11	露涎春茶文化体验中心	东台村
12	崂池云峰茶叶体验中心	西山村

（2）第二产业

崂山风景区内产业发展受景区生态保护限制，景区内高污染、高排放、高耗能的产业大多已被叫停。2010—2021 年间，崂山第二产业占比逐年降低，从 45% 下降到 31%。

---

① 1 亩约为 666.67m²

目前，景区内部发展中的第二产业类型较低端，规模也比较小，产品门类主要以工业为主，如崂山食品厂、崂山啤酒厂、崂山工艺美术厂等。建筑业在崂山中也属于较为重要的产业，于 2022 年生产总值达到 121.24 亿元，是仅次于崂山工业以外的第二大重要产业。此外还存在以纺织业为主的工业类型、以机电为主的工业类型等。崂山风景名胜区内总体上呈现出第二产业萧条、产业转型难等现状。

（3）第三产业

崂山第三产业发展主要以旅游业和服务业为主，全市服务业总体增长较快，拉动作用明显，2021 年崂山服务业增加值为 695.10 亿元，比上年增长 10.7%。2021 年期间，崂山旅游业稳步复苏，全年接待游客 1570 万人次，比上年增长 19.2%，实现旅游总收入 118.5 亿元。

一方面，崂山作为国家级风景名胜区，旅游资源丰富，游客受众较广；且崂山风景名胜区作为近郊型风景名胜区，交通便利，城市人口消费能力强，对于自然的追求促使崂山成为城市居民外出游憩的优选之一。另一方面，崂山乡村聚落作为崂山景区基础服务设施的后备储蓄地，乡村中的民居为民宿打造提供了基础条件。近些年来，以生态观光、农业采摘、旅游民宿、农家乐等形式开展的乡村旅游较为火热。如北宅地区举办的北宅樱桃节、沙子口鲅鱼节、崂山茶文化节等特色活动的开展，进一步带动了乡村旅游的深化。

4.2.4 崂山乡村聚落形态格局景观风貌

通过对崂山风景名胜区的自然环境与人文环境进行研究，勾勒出其区域内乡村聚落景观衍生的背景环境。

该区域位于青岛市沿海地带，整体上属于西北平坦、东南陡峭的地势状态。境内高差变化明显，地域地势起伏较多，在这种复杂的地形条件下，形成了不同的生态环境。区域内水资源分布不均，多为季节性河流，限制了乡村聚落早期的形成与发展。而东南陡峭地带，因地势原因，土地条件较差，土壤薄而石层厚，不利于土地开发。

历史人文环境方面，由于崂山风景名胜区复杂的地势条件，使得崂山成为较为隐逸的避世之所，也为道教、佛教文化的形成和发展提供了适宜的环境。境内乡村聚落多为居民逃难、官方移民和土地开垦迁居于此。乡村布局也在垂直方向上形成了从平坦地带向山腰地带开垦的趋势，水平上形成自西向东增加的趋势。在生产、生活上均形成了当地独特的文化体系。在业态经济上，崂山乡村聚落总体偏向于第三产业的发展，以旅游业和服务业为主要的产业发展对象。

4.2.4.1 空间形态要素

罗杰·特兰西克（Roger Trancik）在《寻找失落空间：城市设计的理论》中提出城市空间研究的三种理论：图—底理论、连接理论和场所理论。中国山水历经千年，是风貌景观之中的精髓。因此，通过对崂山村景布局与周边环境进行分析，将其生存环境空间形态要素确定以"山、水、林、田、筑、海"为本底，其中在分析形态组合方式时，该六要素会根据基址特点以任意组合方式出现，而不是所有的要素全覆盖。

从整个自然保护区的流域分布来看，水缠绕山脉流动，村庄和道路因山脉、水势而筑建，临水而居，田土开垦环绕聚落，山林在后，抱田生长。山体作为整个平面基底，确定了最基本的骨架，限制了可发展和活动的空间，高低错落，提供保护。水体靠近村庄，便于生产和生活。林为崂山自然保护区最为重要的生态资源，具有涵养水土、遮蔽风雨的重要功效。田土是居民生产生活的关键，解决人类赖以生存最基本的温饱问题。众多要素形成的多层次复合崂山人居环境空间结构将生活空间、生产空间、生态空间统一聚集，从而相辅相成，融合发展。

4.2.4.2　空间形态划分

崂山山脉作为矩形状坐落的山脉，山与村关系非常密切，随着人类的社会活动和建设，人与山逐步发展为村与山体延绵空间交织，村落四面环山、隐入山林，村落建设与山体平行建设，以及山与村相望相隔、紧紧相邻四种模式。因此根据村落分布和山体之间的空间关系，可总结划分为四种形态：村嵌山、村融山、村依山、村临山。

（1）村嵌山

村嵌山形多位于山脚流域冲刷形成的扇形地带，或山脉谷底形成的凹陷地带。村落与山脉沿线相切，形成三角形平面。山脉抵挡风寒，为村庄提供庇护。山体与村庄之间逐渐融合发展，相互交织，如西麦窑村。西麦窑村位于沙子口内，村东西两侧连着山脉两脚呈线性发展，南面临海，整体房屋建筑呈南北走向，东西朝向。以两侧山脉抵挡寒风和海风，形成天然屏障。村落与山之间相互依偎，总体平面呈扇形由于北面狭窄入山口较为陡峻，整体上布局更加侧重对临海开阔面的建设。形成前海中村后山的格局，村栖于山，延展构图，山为背景。

（2）村融山

村融山形，顾名思义，山与村之间互相揉融，难分彼此。多位于半山腰平坦坡地上，村落四面环山，临水而筑。布局模式常与山脉走向相关，最为重要的因素便是居住区内的水域流向和途径。崂山内部河流虽多但也存在缺点，内部水流较为湍急，多属于季节性河流。因此山体内部对于水库的修建以及水库选址也极为重要。

村融山典型类型主要有两种。一种是我乐村，白沙河流经该村，居民点的布局总体上呈流线状走向，跟随河流的流向布局，河流两岸住宅总体呈相望趋势。山体在两侧后方。山村相望，村社相望。另一种则是观崂村，该村位于崂山山体内部，沿着山脉走向汇集而成的地平线，房屋分布散乱，不成线性，总体组团建设。

（3）村依山

此类型多位于山脚平坦地区，村落与山脉相连，主要表现为村落的一侧与山脉走向平行延展，空间贴合。平面构图以村落为前景，山脉为后盾，相互依靠。黄山村的布局因山体走向而形成的狭窄长形平坦空间用于居民住房建设。房屋建造呈组团式紧密相连，聚集成居住片区。房屋周边由山林、农田组成，山林以抵御海风，耕作用地离居住地较近，便于劳作。

（4）村临山

村临山类型主要为村庄与山体之间隔着距离，村落与山体相望，互不相交。村落通常位于山地旁边的开阔平坦处，因地势原因布局紧凑，众多村落共同选址于此，协调发展。村山之间互相成景。

北部王哥庄和夏庄多为此类型，土地平旷、屋舍俨然。晓望村位于王哥庄范围内，居民布局与山体之间仍有间距，布局以道路为划分，整个村庄形成一整个组团坐落于崂山山体旁边，视线良好、交通便利。

4.2.4.3　空间形态特点

如上述所言，崂山的乡村聚落可划分出"山、水、林、田、筑、海"等要素，根据这六大要素最终形成崂山村景的总体空间结构。而不同类型的聚落空间之下，由六大要素所构建的空间体系也各有不同（表4-5）。因此，需针对不同类型形态空间总结其相对应的空间特点。

各类型空间形态特征概念绘图　　　　　　　　　　表4-5

	山	水	林	田
村嵌山	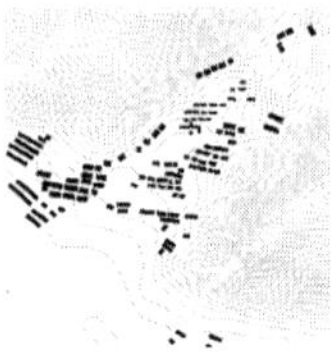	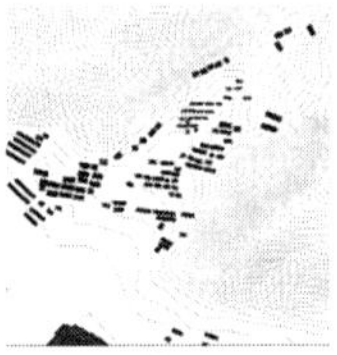	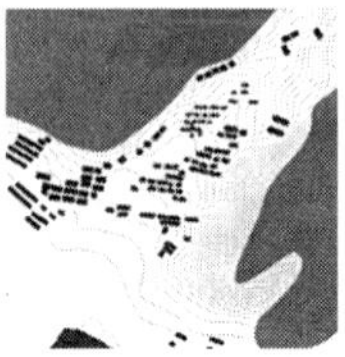	
村融山	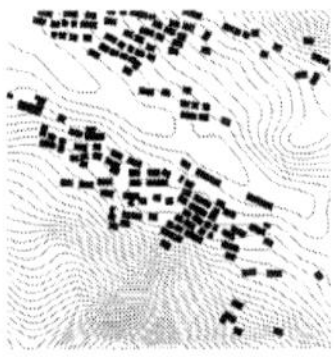			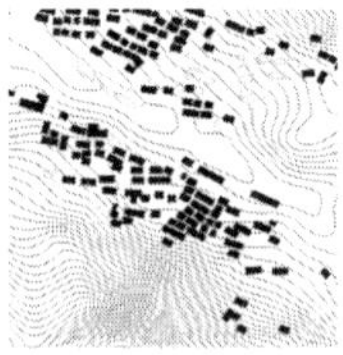
村依山				
村临山				

①与山水的关系

四个分类与山水之间的关系都是村随山体骨架和水源相地择基，山体本身的地理条件决定了居住区的空间形态和发展模式，水为生存的基本条件，因此四类形态对于山水之间都是随着本身的地形而形成。

②与林的关系

林是自然保护区内极其重要的生态因素，更是居住区居民的保护伞。林可涵养水源巩固水土，同时也可改善居住区的空气环境，提供生态健康的效益。同时林木也是居民的生活屏障之一，无论是在哪个形态的村景群落中，林木都发挥着至关重要的作用。

③与田的关系

田土是居民生存根本，而对于村融山类型和村嵌山的居民而言，耕地较少。居民可用的耕地因与自然保护地之间有冲突，因而用地控制较为严格。耕地范围多零散地分布于居住区周边，面积较小，提供简单的生活保障。而村依山、村临山的村景聚落，耕地则较为广袤。村依山形式的村景聚落较临山的聚落受山体地形影响更大，因此田土的走向随着等高线的起伏而产生，形成梯田状的不规则体。而村临山的村落则受山脉地形影响较小，耕地广袤平坦，多为几何方块。以及，路网系统是村落生存发展的运输通道，道路布局往往受到地形的制约。在四种类型之中，距离山体近的道路往往更加蜿蜒曲折，为登山道路；而离山体远的道路则更加规整，形成网状，划分田土。

4.2.4.4 空间类型分布

从布局上可见（表 4-6），平原临山型团状聚落多分布于崂山风景名胜区山体边缘等较为平坦区域，总体呈现出东北多西南少的布局模式；缓坡依山型条状聚落较少，多位于崂山山体内部但地势平缓处；沟谷嵌山型指状聚落与崂山中的水源分布联系紧密，多位于水体边缘；丘陵融山型复合聚落分布较为分散，但总体处于崂山山势陡峻区域（图 4-10）。

崂山乡村聚落景观区划结果　　　　　　　　　　表 4-6

聚类类别	数量	样本乡村聚落
平原临山型团状聚落	23	秦家土寨村、港西村、黄山村、港东村、晓望村、峰山西村、埠落村、毕家村、纸房村、后庄村、李辛村、傅家埠村、东铁骑后村、东宅子头村、冷家沙沟村、后古镇村、王家泊子村、王家曹村、段家埠村、小河东村、西登瀛村、华阴村、河崖村
缓坡依山型条状聚落	3	五龙涧村、科埠村、凉泉村
沟谷嵌山型指状聚落	8	五龙村、东麦窑村、书院村、我乐村、青峰村、解家河村、双石屋村、棉花村
丘陵融山型复合聚落	6	上水峪村、马鞍子村、观崂村、青峪村、雕龙嘴村、青山村

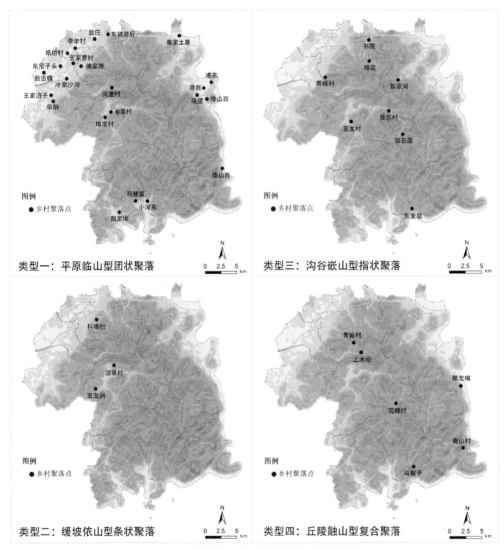

图4-10 崂山乡村聚落四种类型空间分布图

4.3 典型村落的风景形态分析

4.3.1 人地关联性风景特征对比

　　人地关系反映着人类在自然环境中如何适应自然、改造自然，是人与自然相互关系的抽象总结。人类在自然中的生产活动集中表现为在自然环境中获取所需要的生存资源。在这一过程中，聚落居民需要充分协调统筹聚落地形、水源、林地、农田等空间属性，以满足日常生活所需。

在后续的分析中，研究首先从整体上梳理其"山、水、林、田、筑"的总体格局，其后进一步阐述山体、林地、水源、农田等要素在地理环境中所呈现出的类型和其与乡村聚落所形成的空间关系，从而总结出聚落在资源获取下所形成的人地景观总体特征。

4.3.1.1　整体格局分析

居民们根据适宜的山水环境进行生产活动，根据实际需要对山水环境加以改造，优化完善乡村聚落格局关系。崂山内的乡村聚落总体上形成了"山、水、林、田、筑、海"的风景结构："山"即崂山风景名胜区内的群山，它们奠定了崂山地形的整体骨架，限定了乡村聚落发展的基础条件与大致区间；"水"为崂山中 23 条河流及地下水源等，提供了崂山人居的生存水源，是串联崂山乡村聚落的动态纽带；"林"主要为崂山的山林及居民种植的经济林；"田"与"筑"代表了乡村聚落的生产与生活的空间环境；"海"为崂山特定的风景资源，崂山拥有 13 个有名称的海湾风景。最终，这六类不同的风景资源要素通过组合，形成了具有一定差异性的多类型乡村聚落风景结构（表 4-7）。

不同类型乡村聚落山水格局分析　　　　　　　　　　　　　　表 4-7

类型	类型一	类型二	类型三	类型四
典型格局	山、林—水、筑—田	山、林—水—筑—田	山、林—筑、田—水—林、山	山、林—筑—田—海
影响条件	空间平坦、开阔	地形坡度	河谷狭窄	背山面海地域
示意图	山、林 水 筑 田	山、林 水 筑 田	山、林 筑 田 水 林 山	山、林 筑 田 海
格局特征	山林远离民居集群，水多为聚集水库、池水等类型，民居建筑呈团状平铺，田土面积广阔，环绕民居分布	乡村聚落中民居依靠山地修建，民居建筑呈长条状分布，水多为山泉水，流量较小，田土多分布于山脚平原处	沟谷地带河流穿越乡村聚落组群，对乡村聚落进行划分，形成以水带村庄格局，田、林、山依山就势分布	背山面海，林田逐地分布，形成特色梯田景观，建筑错落有致、层叠布局
乡村聚落实景	西登瀛村	五龙涧村	我乐村	青山渔村

平原临山型团状乡村聚落因其距离山体有一定距离，乡村聚落格局主要依托于远山、筑、田进行构建，其中水体主要以人工修建的池水、水库等片状水域为主。崂山山体地貌景观远远环绕在村落周边，山水布局呈现出"山、林、水、筑、田"的布局模式。

缓坡依山型条状聚落中，山水布局尽可能做到"后有靠山、前有流水，侧有护山，远有秀峰，住基宽坦，水口紧锁"的模式。乡村聚落常通过人工措施，引水入村，修建水塘。以五龙涧村为例，其村落布局位于山脚缓坡处，整体建筑布局呈带状依托等高线分布。乡村聚落内部以人工渠等排水沟壑引导山泉水、雨水等绕村而流。田地多布置于村口地区等相对平坦的开阔地带，与平原型乡村聚落类似，呈平铺状分布。整体上乡村聚落山水格局呈现出"山、林、水、筑、田"的布局模式。

沟谷嵌山型指状聚落地势相较于周边陡峭的山形坡度较缓，耕地资源较为欠缺，但因其邻近水域，水源充足，四周有山体环护，乡村聚落面前有河流穿行，山体、树林、农田等诸多因素构成了村落的边界，限制并规范着村落的发展形势，造就了其"金带环抱"格局。

丘陵融山型复合聚落通常背倚山脉，随着等高线的抬高依次上升，层层叠叠，农田环绕在民居建筑周围，因其特有的临海背景，乡村聚落面朝大海修建。因此，空间格局依次为山、林、筑、田、海。村落选址适应山形水势，与自然环境形成良好呼应，形成了与等高线和水流线平行的线性村落形态。平面无固定轮廓，形式自由。建筑在山坡自下而上层层叠叠，形成丰富的视觉轮廓层次。

4.3.1.2　山地空间分析

相地择居是乡村聚落形成发展的基础，在安营扎寨构建集群住区之初，先民们往往会寻觅地理条件适宜、生存资源充沛且具有一定安全性的地段作为乡村聚落建构基地。由第2章可知，崂山风景名胜区地貌类型多样，整体属于靠山面海的丘陵山地地形，景区资源富足，生态环境优美。崂山乡村聚落良好的人居环境便是建立在其以"山、水、林、田、筑、海"为本底的生存环境空间之中。其间，不同的地域环境差异造就出不同的乡村聚落类别，从而延伸出不同的聚落选址特征（表4-8）。

平原临山型团状聚落多位于距离山体具有一定距离的平坦地带，地形起伏较小，土地平旷，聚落选址和生存发展的难度相应较低。该类乡村聚落的主要选址优势在于：山体对于乡村聚落的建制影响较小，聚落建制初期更为便利，因此该类乡村聚落总体上多呈现出地域面积幅员辽阔、单体建筑平面占地面积广阔的特点；平面坡度较小，土地肥沃、水源充足，符合农业开垦条件，农业景观多形成片状型、连绵型的布局形式；阡陌交通，四通八达，邻近主要交通干道，出行优势明显。这类乡村聚落选址优势明显，属于崂山区域内经济发展较快、人口增长较快、与外界联系较为紧密的乡村聚落类型。

缓坡依山型条状聚落主要位于山脚余脉处较为平缓的区域，具有一定的坡度，总体上乡村聚落起伏度小于20m，与周边陡峭的山体相比属于平缓区域。该类乡村聚落选址优势在于：山体属于缓坡地带，乡村聚落建制沿等高线分布，总体上土地开发量较低；乡村聚

不同类型乡村聚落选址分析　　　　　　　　　　表 4-8

类型	类型一	类型二	类型三	类型四
地貌类型	平原地	缓坡地	沟谷地	丘陵地
地貌特征	海拔较低，高程小于100m；地势平缓，坡度小于5°，起伏度小于20m；整体地域面积幅员辽阔	具有一定高程但地势低平，起伏度小于20m；连接山脉，依山走势	低海拔地区，邻近水源，聚落紧靠河流；覆土较厚，坡度小于10°；河谷较窄，河底基岩裸露	海拔较高，起伏度较大；地形坡度崎岖，或平坦或陡峭
村落位置	位于山脚或距离山体一定距离的平坦地带	紧邻山脉或位于山脚余脉地势平坦处	位于山间河流两岸，整体位于河流沟谷中	从山脚处沿山体向上筑基，整体融入山势
剖面示意图	平原临山型团状聚落	山　缓坡依山型条状聚落	沟谷嵌山型指状聚落	山　丘陵融山型复合聚落
平面示意图	平原地　乡村聚落　山体	山体　乡村聚落　平原地	山地　乡村聚落　山地	山体　乡村聚落　平原地　山体
村落特征	居住区规模较大、相对地势较低；对外交通便捷；建筑布局规整、紧凑；乡村聚落鳞次栉比	处于山体缓坡地带，具有一定坡度，乡村聚落建筑布局紧凑、规整，交通便利	因地势狭窄，居住区较为分散，行政区划复杂；乡村聚落多呈指状，交通相对闭塞	乡村聚落垂直尺度上差异较大，建筑坐落具有层次性；聚落房屋较为紧凑

落受到周边山体保护，形成条状型聚落平面样式，乡村聚落交通拥有主要通行道路，具有一定防御性质；免于洪水、滑坡等地势危害。

　　沟谷嵌山型指状聚落主要位于距离水源较近的区域，乡村聚落选址紧靠河流，聚落分布深受河流走势与地形地貌等现状自然条件的影响。对于崂山内的乡村聚落而言，河流一般属于山泉水，多分布于山体与山体之间的沟谷之中，河谷较窄，因此聚落建制较为散乱，行政区划更加复杂。乡村聚落选址优势在于：主要依托于其邻近水源的水文优势，便于该类型乡村聚落中的居民进行农耕取水与生活取水；其位于山体之中被群山环绕，具有较强的防御功能，以及拥有较为优越的小气候环境；扼守交通要道，道路与水文多呈平行状分布，乡村聚落多紧邻交通路线。

　　丘陵融山型复合聚落主要选址于海拔相对较高的丘陵地带，地形起伏度较大，地形坡度崎岖。乡村聚落紧贴山崖或坡地建造，聚落建筑与农业景观深受自然地形的影响，层层叠叠，依托山势而错落分布。本书所选取的丘陵融山型复合聚落以沿海聚落为代表，其乡村聚落在选址上的优势主要有：背山面海的居住环境，具有丰富的视觉性景观；位于山林与海洋之间，具有更为优越的物种资源与气候条件；地势险要，乡村聚落防守性更强。

4.3.1.3　水系分析

山水要素同为崂山乡村聚落形成的基础骨架，构成了崂山风景名胜区乡村聚落布局模式。山水要素相辅相成，水体受到山体运动而演化为树枝状密布网格沟渠。崂山中乡村聚落的水环境大体可分为供水和排水两类，总共为明沟暗渠与管道输送两种形态。

4.3.1.4　林地配置分析

林地在乡村聚落中具有空间塑造、资源补给和水土涵养等功能（表4-9）。

林地与村庄的关系　　　　　　　　　　　　　　　表4-9

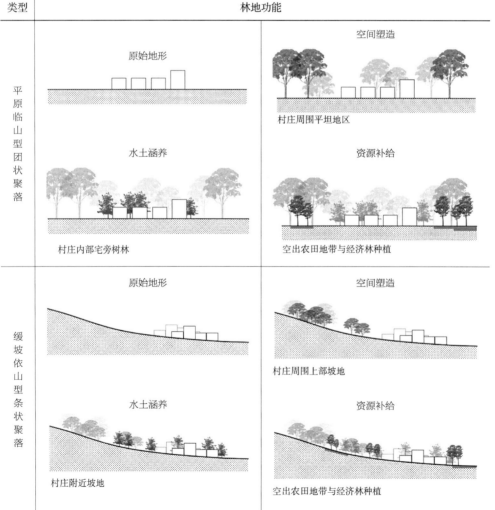

续表

类型	林地功能		

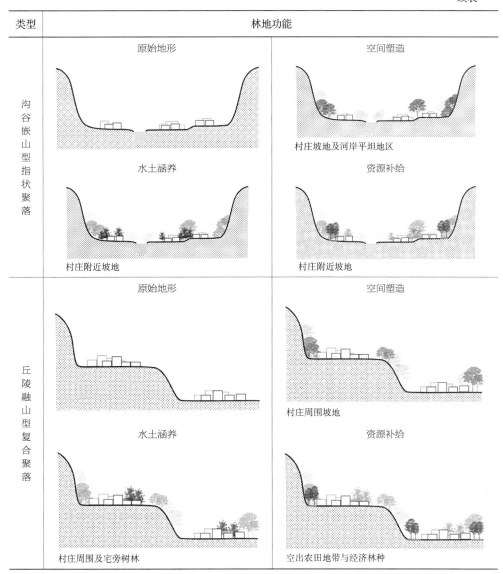

（1）空间塑造功能

在山地型风景名胜区，林地面积在整体风景名胜区中占比较大。对于乡村聚落而言，林地中的植物具有较好的遮挡视线的功能，其林木的分布对于乡村聚落空间边界具有极高的围合作用，调节了乡村聚落结构中的不足。

在平原临山型乡村聚落中，由于地势平坦，离山体具有一定距离，距离聚落周边高视线区域较远，林地主要分布在聚落边界，起围合保护作用，对乡村聚落具有一定的遮蔽功能；对于缓坡依山型条状聚落而言，聚落主要在海拔较低、地势平坦处择居，林地多分布于乡村聚落的高海拔山坡上，可对乡村聚落起一定的遮挡作用；沟谷嵌山型指状聚落中，乡村聚落与山体之间地势较缓坡依山型条状聚落而言更加陡峭，乡村聚落中的人类活动更容易被上层活动的人发现，且该类聚落多坐落于离水源更近的山谷地带，其水源充足，林地更为茂密，聚落多隐逸于深林之中；而丘陵融山型复合状聚落地势陡峭、复杂，为了减少地势的陡峻感，居民多在房前屋后以及陡崖处种植树木，从而在空间上遮挡山崖边界。

（2）资源补给功能

崂山乡村聚落的资源补给主要以经济补给为主，采用经济林种植方式，主要分布于地势起伏较大、可耕种农田面积较小的乡村聚落中。该类经济林主要以樱桃、甜杏等为主，如北宅樱桃、我乐杏林等。经济林的种植不仅为崂山乡村聚落提供了经济上的收入来源，同时也充分利用崂山的地形条件，体现了在乡村振兴之中人民的生活智慧。一般而言，林地往往作为乡村聚落建筑用材与生活用材的主要来源，然而伴随着崂山景区的生态保护管理，树木砍伐受到严格的管理条例规定，因此在今天的崂山中，林地树木主要用于村落中的装饰用材、设施用材，而将树木用于生活热能燃料与房屋建材使用的情况较少。

（3）水土涵养功能

对于平原临山型团状聚落乡村聚落而言，林地总体面积较小，树木主要栽植于本区域内土丘处或邻近崂山山体处，林地在空间上多呈块状模式镶嵌在聚落中，具有一定的气候调节作用。缓坡依山型条状乡村聚落中，乡村聚落位于山体平缓空间中，林地伴随山体空间塑造出条形空间场所，具有一定的遮蔽功能，该类乡村聚落林地以山体作为载体，栽种乡村聚落经济林，呈现出梯田状林地景观。沟谷嵌山型指状聚落多坐落于河谷边的坡地位置，地势起伏较大，林地多用于遮挡山体边界，涵养水土，改善谷地多风气候。丘陵融山型复合聚落主要集中于崂山东南沿海地段，地形陡峭，对于此类型乡村聚落而言，林地于空间上多能遮挡山崖边界，改善山体的陡峭感，该类乡村聚落中林地的水土涵养功能更加重要，关乎聚落居民生命安全，林地覆盖面积具有一定要求，而对于其资源供给的功能要求降低。

4.3.1.5　农田配置分析

崂山乡村聚落因地形复杂，其农田形式也较为多样。总体划分为平原农田、山地梯田两大类。山地梯田根据其所处的地理环境的差异，也可分为缓坡山地梯田和陡坡山地梯田两类。其中，不同乡村聚落的农作物也大有不同，从而形成崂山不同的农业景观。

（1）农田类型

①平原农田

平原农田在崂山风景名胜区乡村聚落中属于较为常见的农田景观（图4–11），此类农田多分布于地势平坦地区，土壤肥沃，可用于进行耕地活动的范围较为广阔，多采用机械辅助农业生产与收获。

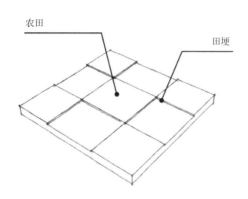 

图 4-11　平原农田示意及实景图

②山地梯田

山地梯田在崂山聚落中多出现于崂山地势较为陡峭的聚落之中，依据坡度可划分为缓坡山地梯田和陡坡山地梯田（图 4-12）。缓坡山地梯田多为土埂护坡，高差相对较小，多在 1m 以内，且该类坡地农田面积较为宽阔，多为 5~10m 不等。陡坡山地梯田因高差起伏大，多为砌石护坡。居民采用周围的岩石筑垒，根据地势高差形成高度不同的挡土墙，砌石形成的高度超过农田层，形成可供行走的田埂道路，在护坡的功能中兼顾通行功能。该类梯田高差可达 1~2m，且农田多为长条状，田宽甚至不足 3m。

（2）农田肌理

崂山中除地势较平坦的地区耕地面积较大以外，其他可用作耕地的面积极小。聚落居民为了更节约、更有效地利用土地，便以田埂作为边界，创造出不同的农田肌理。在崂山中，不同类别的乡村聚落农田景观也存在一定差异性（表 4-10）。

图 4-12　山地梯田实景图

崂山乡村聚落农田肌理   表 4-10

类型	农田肌理示意图	尺度概况	示范村
平原临山型团状聚落	规则式分割肌理	农田小块约 30m×10m	港东村
缓坡依山型条状聚落	网格式分割肌理	农田小块约 31m×21m	五龙涧村
沟谷嵌山型指状聚落	龟背分割肌理	农田小块约 50m×8m	青山村

  平原临山型团状聚落的农田单元，一般呈现出规则式分割的肌理。这类农田因地形起伏较小，整块地域相对平坦，因此农田单元较为规整，田埂多成直线，将一整块农业用地划分出面积较小的小方格。这类农田因周边无山体或环绕山体较少，土地平展空间充足，因此一个农田小格长约 30~70m 不等，宽 10~30m 不等，田埂距离为 0.8~1.5m 左右。该类农田单元因其耕作环境较好，较早出现人群聚居形成乡村聚落，耕作技术较为成熟、先进，且易形成农村合作经济模式，打造出农业产业园景观。

  缓坡依山型条状聚落的农田肌理与平原型相似，总体而言农田小块相对规整。但因其地势原因，农田多与山地相对，将聚落包围其中，并未形成如平原式完全意义上横纵交错的单元景观模式，农田肌理相对复杂一些。因顺应地势的田埂形成长条状、方矩形状混杂的网格式肌理。其农田单元尺度不一，农田面积相对于平原临山型团状聚落较小，耕地开垦受到一定的坡地地形限制，多与聚落相似，形成带状农田。本研究以五龙涧村为例，其土地单元尺度长约 15~40m，宽约 10~25m 不等，田埂多为生土夯实，此类农田与山体之间多形成相互依望的景观视线。

　　崂山中沟谷嵌山型指状聚落因地势差异较大，山体沟谷地带较为破碎，且靠近河谷的区域多为岩石，土层较薄，沟谷间可用作耕地面积较少，该类地质土壤限制着聚落形成的同时也限制着农田的分布，多为聚落宅前院后开辟的小块种菜地域，规模较小。丘陵融山型复合聚落与其较为相似，均依山地梯田模式为主。农业耕地分布在村庄两侧的山体中，因高差较大，多以碎石护坡，形成坚实挡土墙。其农田单元多呈龟背状分割肌理，宽度为 3~8m，长度不等。

　　（3）农田与村庄位置关系

　　其由于崂山地势复杂，农田分布较为不均匀。聚落在开垦田地时需要考虑往返的距离，一般选择距离居住地较近，可达性较高的耕地作为生产农田，以节约通行时间。因此，农田与村庄之间的位置关系也形成了多种类型（图 4-13）。

　　平原临山型团状聚落因离山体具有一定距离，其农田耕种面积较广、规模较大，农田环绕乡村聚落，散布于村落周边土质较好区域，可达性较高。缓坡依山型条状聚落中平坦地势农田耕作范围较邻近山体的陡峭地势更广，与村落形成半环绕的整体布局形态。沟谷嵌山型指状聚落，地势陡峭，不易开垦，农田面积较小，土地分布较为破碎化，分布于乡村聚落的宅前院后等可开垦地带，且为了保护水源水质，对于该类型乡村聚落的耕作要求较为严格，总体而言其耕作面积较小，难以形成大规模的农业种植。丘

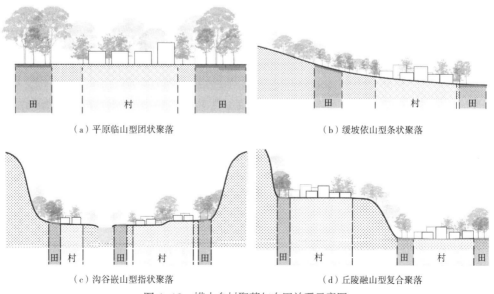

（a）平原临山型团状聚落　　　　（b）缓坡依山型条状聚落

（c）沟谷嵌山型指状聚落　　　　（d）丘陵融山型复合聚落

图 4-13　崂山乡村聚落与农田关系示意图

陵融山型复合乡村聚落与沟谷嵌山型指状聚落相似，但该类乡村聚落多为丘陵、陡崖等地形，农田大多以梯田模式开展，种植作物也多为茶园，较少种植生活作物，以经济作物为主。

4.3.2　人居景观典型特征对比

4.3.2.1　聚落形态分析

崂山风景区乡村聚落为典型的"山、水、林、田、筑、海"一体共生的乡村聚落类型，形成了以自然山水为基础、人文景观为内涵的整体空间布局模式。其聚落形态受山水、田土、林地等诸多景观元素的影响，构成了现有的聚落边界，限制并规范着乡村聚落的发展。研究采用边界形状指数法，对乡村聚落边界形态进行量化，以客观数据展示乡村形态（表4-11）。

边界形状指数量化界定指标　　　　　　　　表4-11

边界形状指数（S）	聚落长宽比（λ）	形态特征
$S \geqslant 2$	$\lambda \geqslant 2$	带状倾向指状聚落
	$1.5 \leqslant \lambda < 2$	无明确倾向指状聚落
	$\lambda < 1.5$	团状倾向指状聚落
$S < 2$	$\lambda \geqslant 2$	带状聚落
	$1.5 \leqslant \lambda < 2$	带状倾向团状聚落
	$\lambda < 1.5$	团状聚落

（来源：根据浦欣成等人研究成果绘制）

由前文可知，对崂山乡村聚落景观形态影响最大的元素是自然地理环境，结合前文对于崂山乡村聚落类型的划分，按照浦欣成等人总结的研究方法，将崂山40个乡村聚落样本进行边界特征定量化分析（表4-12），从而进行崂山四类乡村聚落空间形态比较。

由表可见，不同类型的崂山乡村聚落样本空间边界形态图形差距较大。

①平原临山型团状聚落

崂山中该类乡村聚落形成时间较早，大多数团状型乡村聚落聚居于崂山风景区区域内的西北方向、东北方向等地区。这类地区地势平坦、交通便利、便于开垦，往往是相地择居的优良之地。由表可见，崂山中的团状乡村聚落整体布局形态近似矩形，边界清晰、规整。在该类乡村聚落中，建筑组团布局紧凑、有序，具有明显的规整性。

乡村聚落边界形态统计表 表 4-12

聚落类型	聚落名称	聚落建筑总平面图	聚落边界
平原临山型团状聚落	港东村		
		$S=1.5$；$\lambda=1.59$	
	西登瀛村		
		$S=1.09$；$\lambda=1.07$	
缓坡依山型条状聚落	五龙涧村		
		$S=1.38$；$\lambda=3.14$	
	凉泉村		
		$S=1.35$；$\lambda=2.56$	

聚落类型	聚落名称	聚落建筑总平面图	聚落边界
沟谷嵌山型 指状聚落	我乐村		
		$S=2.45$; $\lambda=1.58$	
	双石屋村		
		$S=2.49$; $\lambda=1.82$	
丘陵融山型 复合聚落	青山村		
		$S=1.49$; $\lambda=1.20$	
	雕龙嘴村		
		$S=1.67$; $\lambda=1.48$	

注："S"即"边界形状指数"；"λ"即"聚落长宽比"。

②缓坡依山型条状聚落

缓坡依山型条状聚落多地处于山脚处，聚落依山而建，在坡地上聚集，因地形因素聚落整体空间形态呈长条状，聚落以山体为边界，乡村聚落择居多与河流、主要道路或者等高线平行。这种形态也属于村落形成最初的基本形态，村落入口多为乡村聚落居民活动的集中场所。

③沟谷嵌山型指状聚落

沟谷嵌山型指状聚落以河流、山谷沟渠为聚落布局的主要影响因子。受山谷区域复杂地形的影响，周边可用于修建民居的用地受限，难以形成整个聚落抱团聚居的生活模式。因此，乡村中的民居建筑较为分散，这也导致了乡村聚落边界较为破碎，民居朝向多样，村落边界沿沟谷向各个方向发展，呈现出不规整的外围形态。

④丘陵融山型复合聚落

该类乡村聚落受山体影响较大，具有高差性的地形使得乡村沿等高线分布，因势利导，聚落在建制过程中在竖向上呈现层叠状，而平面上多呈现向心型复合状。该类村落因地势复杂，早期交通不便时聚落难以到达，因此在组织生活环境时，多为中心集聚、四周分散，聚落建制由中心向外围辐射围绕排列，在山体上层层坐落。

4.3.2.2　民居建筑分析

崂山风景名胜区地势复杂，从而形成了不同的乡村聚落基底。通过对 40 个乡村聚落样本进行平面提取，选择具有代表性的 4 个乡村进行解析（表 4-13）。

崂山乡村聚落建筑格局分析　　　　　　　　　　表 4-13

样本聚落	建筑平面基底	建筑朝向
类型一 港东村		
类型二 五龙涧村		

续表

样本聚落	建筑平面基底	建筑朝向
类型三 双石屋村		
类型四 青山村		

对于平原临山型团状聚落而言，书中以港东村为例，该类型建筑排列整体秩序感极强，聚落的布局受地形影响较小，分布较为规整，朝向几乎一致，主要以南北方向布局。建筑行列整齐，行与行之间趋于平行，与道路之间呈现出垂直或平行的布局模式。

缓坡依山型条状聚落多因为地处于山脚处，聚落依山而建，在坡地上聚集，因地形因素而呈现出长条形态，山体为聚落边界，该类乡村聚落建筑布局与平原临山型团状聚落相似，多与河流、主要道路或者等高线平行。这种形态也属于村落形成最初的基本形态，村落入口多为乡村聚落居民活动的集中场所。

沟谷嵌山型指状聚落中的民居建筑较为分散，民居朝向多样，多以道路、河流所在位置为建筑朝向，因此不完全局限于正北或正南布局。总体上，村落边界沿沟谷向各个方向发展，呈现出不规整的外围形态。

丘陵融山型复合聚落布局较其他三类而言，建筑布局呈现紧凑、规律却又不规则的状态。其建筑多呈现出小部分组团模式，在小组团之中，建筑朝向较为一致，建筑分布较为整齐。但由于该类乡村聚落处于丘陵地形中，地势复杂，山体起伏褶皱，呈现小组团组合成大组团模式，形成多个相对独立的组团空间，并由道路将这些小组团串联起来，形成相对独立、整体密切的建筑布局。

4.3.2.3 院落组织分析

院落作为人居景观中居民日常生活活动最频繁、最常停留的空间，具有较强的围合感和私密性。在崂山中，除平原临山型团状聚落与缓坡依山型条状聚落外，其他两类聚落都坐落于崂山山势较为复杂的地形中。本小节主要从院落类型及特征、院落与民居组合方式上结合实景图片进行院落解析。

（1）院落类型及特征

在崂山复杂的地势环境之中，院落伴随民居坐落于不同的地势环境之中，从立面空间中划分出不同的空间组织布局类型（表 4–14）。

①平原临山型团状聚落

该类乡村聚落建筑排列紧凑、密集，院落伴随着民居的排列组合而生成典型的"街—院—街"的模式。立面上，由于地势平坦，墙体与建筑所形成的院落空间很难被窥视，院落与院落之间私密性较强，以墙体为间隔，隔绝院落与户外的联系。

院落空间组织分析   表 4–14

聚落分类	类型一	类型二	类型三	类型四
院落类型	街—院—街	山—院—街—院	山—院—街—水，山—院—街—院—水	山—院—街—院
院落特征	有完整的界面围合，院落空间私密性较强、内向性强	半开敞、私密性一般	开敞、外向性强 / 半开敞、私密性一般	半开敞、私密性较弱
院落立面示意	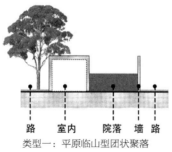 类型一：平原临山型团状聚落 / 类型二：缓坡依山型条状聚落		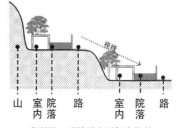 类型三：沟谷嵌山型指状聚落 / 类型四：丘陵融山型复合聚落	

②缓坡依山型条状聚落

该类乡村聚落依山而建，空间结构上形成了"山—院—街—院"模式，与平原临山型团状聚落距离山体较远不同，该类乡村聚落位于山体缓坡处，山与聚落相互依靠。山顶与山腰景观与院落景观形成对望，院落形成半开敞空间，私密性一般。

③沟谷嵌山型指状聚落

沟谷嵌山型指状聚落临河而建，河谷地区平坦面积较少，空间结构形成"山—院—街—水"与"山—院—街—院—水"两种模式。第一种一般距离河谷或道路较近，院落一般无墙体进行围合，或以植物、低矮挡墙对院落空间进行一定遮挡，整体上院落形成开放性空间模式；第二种距离河谷仍有一定距离，也是崂山中较为常见的空间模式，院落空间可从山间遥望，私密性一般。

④丘陵融山型复合聚落

该类乡村聚落位于丘陵地带，建筑与建筑之间具有一定高差，整体上空间模式与缓坡依山型条状聚落相似，均为"山—院—街—院"的空间模式。因其地势高差呈阶梯状，地势较高的院落可俯瞰较低的院落空间，相对而言院落空间私密性较弱。

（2）院落与民居组合方式

崂山乡村聚落院落聚居总体较为私密，处于民居与围墙将院落围合的状态，院落封闭性极强，从平面状态分析院落与建筑之间的组合方式大致可区分为围合式、半围合式和并列式。

围合式院落一般为院落完全被民居建筑与围墙所包围，其院落内部面积较小，一般为正屋、厢房、卫厕围合而成，建筑朝向不一，从平面来看，该类院落隐秘性极强。半围合式院落中，民居多呈"L"形，院落面积较围合式院落而言更大一些，院落中多存在居民自行分割的小型宅院用地，用于种植小菜、鲜花等。并列式院落为民居建筑与院落平行，院落的长度与建筑长度一致，呈现规则式矩形状态。

①平原临山型团状聚落

平原地区地势平坦，乡村聚落街道布局非常规整，呈现出"主轴＋方格网状"道路结构。而从全局整合度分析图可见，其乡村聚落街道呈现出2~4条整合度较高路线，且这类路线多相交。展现了街道空间联系密切，整合度较高。此外，街巷中平行于主轴线的街道整合度多大于垂直于主轴线的街道，为乡村聚落中的次核心街道。研究以港东村和西登瀛村为例，乡村聚落街道与街道之间的线路相互垂直交叉，划分出矩形块状的方骨架结构。与实地调研做对比，其中轴线整合度较高的街道均为实地中路面较宽的街道，属于交通性道路。此类核心街道形成聚落的景观核心空间，为聚落增添活力。

而在该类乡村聚落中，聚落可理解度 R^2 值均大于0.5，说明这些聚落的局部空间与整体空间联系较高。方格网状的街道布局使聚落中具有较好的视觉感知能力，乡村空间结构较为简单清晰。

②缓坡依山型条状聚落

缓坡依山型条状聚落地势较为和缓，与平原型乡村聚落均为"主轴 + 方格网状"结构不同，其乡村聚落街道组织具有一定差异性。以五龙涧村为例，其街道组织呈现出"主轴 + 自由网状"结构，道路组合形态较为自由；而凉泉村则与平原临山型团状聚落相似，呈现出"主轴 + 方格网状"结构，道路规整。

由表可见，其中整合度较高的街道均位于乡村聚落空间的中心位置。据调研，该类街道均属于位于聚落社区或经济发展区，街区活力较高，但景观条件一般。而其中，五龙涧村 R^2 小于 0.5，乡村聚落的局部空间与全局空间关联性较低，聚落可理解度低于平原区聚落；而凉泉村 R^2 大于 0.5，与五龙涧村区别较大。总体而言，网格状乡村聚落街道的可理解度强于自由网状街道。

③沟谷嵌山型指状聚落

该类乡村聚落，与前两类乡村聚落街巷组织差距最大，街道伴随地形修建，呈现出不规则的"主轴 + 鱼骨状"结构。聚落整合度整体较低，而整合度高值多位于主轴线处，聚落核心街道明显。

在实际调研中，该类乡村聚落核心街道使用频率颇高，但部分乡村聚落核心街道空间并未充分利用以打造核心景观空间。聚落中存在由主轴街道向两侧延伸形成"断头路"的街道，导致聚落整体可达性较差。而该类乡村聚落 R^2 值均远小于 0.5，聚落可理解度较差，道路中的视觉感知能力较低，街道通透性较低。

④丘陵融山型复合聚落

丘陵地地势更为陡峭，乡村聚落中的街道组织更为复杂，整体呈现出"轴网混合结构"模式，其中主轴多分布于地势较为平坦区域。青山村与雕龙嘴村的村落街道较紧密，轴线分布较集中，聚落由一条主要空间轴线街道与其他次核心街道组织构成。

以雕龙嘴村为例，其乡村聚落整体西高东地，聚落北面民居较紧凑，聚落街道呈现出自由网状结构，而南面聚落成条状，形成鱼骨状结构。整体上该类乡村聚落空间可达性较好，主轴街道较为通直。但在聚落空间可理解度上，该类空间 R^2 值与沟谷嵌山型指状聚落相似，其值均小于 0.5，道路中的视觉感知能力较低，街道通透性较低。

4.3.3　人文景观典型特征对比

（1）聚落中的景观构成要素

聚落中主要的景观要素为人工建造的庙宇、道观。据记载，崂山中几乎村村有庙，多为一个村自建或者与几个村合建。崂山庙宇大体可划分为两种类型：

①大尺度的建筑类庙宇、道观。这类庙宇与道观面积较大，可供人进入、朝拜、祭祀。庙宇中供奉的"神明"大多掌管较大的土地面积。如港东村的妈祖庙、小河东修

建的关帝庙等，这类庙宇多为聚落共享。部分庙宇坐落于道路旁以便为往来行人遮风避雨。

②小尺度的小型庙宇。如土地庙、山神庙等，是当地人民为寻求庇佑而建造的石砌小屋，高度在 0.7~1m。当地居民认为这类小型庙宇可保佑一个村落风调雨顺、村民健康安全。一般而言是一个村修筑一座庙宇。

（2）家宅中人文景观构成要素

崂山家宅中多供奉财神、门神等神位；家中院落大门张贴门神画，表达了村民希望门神镇守家宅保平安的愿望。

此外，崂山自古以来便有"洞天福地"之名，在崂山乡村聚落中"福"元素随处可见。几乎每家每户均在家中装饰了"福"字，尤其以院落中照壁为主，多以福字作为装饰。

4.4 崂山村景共生的保护模式

4.4.1 形态学视角下崂山村景群落的共生

从崂山风景名胜区流域分布来看，水绕山脉流动，村庄和道路因山脉、水势而筑建，田土开垦环绕聚落，山林在后，抱田生长。山体作为整个平面基底，确定了最基本的骨架；水体靠近村庄，便于生产和生活；林为崂山最为重要的生态资源，具有涵养水土、遮蔽风雨的重要功效；田土是居民生产生活的关键，解决人类赖以生存最基本的温饱问题。

村景群落共生包含空间、生态、文化等多重关系，指在一定地域空间范围内，围绕风景名胜区构成的"村一景"格局，在形成多个村庄依附风景名胜区发展的村镇空间形态的同时，延续村景人文地貌历史传承，是景观、生态及人文空间多重互动、协同发展的有机组合群体。针对崂山景区及村落的空间环境现状，规划可从"地景共生""生态共生"和"文化共生"三个方面达到村景群落共生，并以此为依托促进崂山村落景观价值的保护、展现和传承。

其一，地景共生。景区与居民环境是不可分割的整体，彼此之间相辅相成从而构成值得保护的区域；民居环境和山海之间也可构成风景。如崂山风景名胜区中"前海—中村—后山"的模式，造就其在山海相望的同时，山与村形成不同尺度的地景。不同的形态之下，嵌入山体的村落与山体之间形成栖景；融入山体的村落和山体之间为一体的全景模式；依靠山体的村落以山体为背景；而毗邻山体的村落和山体之间形成对景。

其二，生态共生。风景名胜区内的动植物资源给人类生活带来无限的资源优势，同时村落之中的居民也可以为山野中的动植物提供保护。原住民对于本地资源的了解较之外来民众更加熟悉。人与物之间相互守候，共同呼吸和生存。

其三，文化共生。崂山作为道教名山之一，历史悠久，文化底蕴深厚。村民是当地文化最好的承载者和传承者，居民的一举一动都受当地文化熏陶，并在行为上呈现。地域性不仅是自然资源的差异，同时也有文化的差异，崂山区依托崂山而发展，崂山下的居民也依托崂山而生存。人是文化的传承者，也是文化的创造者，村景群落共生有利于文化共享、共生和创造。

4.4.2　崂山乡村遗产保护的创新模式

为了全面推进乡村振兴与城乡统筹发展，中共中央、国务院和多个部委先后发布《中央农办　农业农村部　自然资源部　国家发展改革委　财政部关于统筹推进村庄规划工作的意见》《中共中央　国务院关于建立国土空间规划体系并监督实施的若干意见》等一系列重要文件，将村庄规划纳入五级三类国土空间规划体系中的详细规划，并为实施型的村庄规划编制提出了方向性指引。"无规划不建设，不规划不投入"，"三生空间"以期在微观尺度落实上位国土空间规划用途管制制度，并为未来城镇开发边界外的各类建设活动管控提供法定依据。

"三生空间"是居民的主要活动空间，也是居民安居乐业的空间载体，它涵盖了居民物质、文化、精神等一切生产和生活空间。生产空间承载居民实现工农业生产功能，促进生产空间在总量稳定的前提下集约高效地发展，这是遗产旅游型村庄可持续发展的关键。与此同时，生产方式为遗产旅游型村落居民提供了生计来源，乡村居民由过去的传统产业向遗产、旅游、文化等融合形成的新业态转变。

生活空间是实现城镇居民衣食住行及日常交往于一体的日常生活常态化，同时为乡村居民在生产生活基础上提供健康、舒适的居住环境，是城镇建设中必须坚守的底线。

在保证村庄生态环境、提高居民生活质量和游客体验满意度等方面，生态空间是不可或缺的重要组成部分，通过引进低碳旅游产业、合理规划绿色景观设计等措施，加强对遗产旅游型村庄的环境保护，才能使其全面融入"三生空间"。

（1）生产空间——基于崂山特色产业的遗产旅游型乡村产业振兴途径

以崂山文化遗产为依托的特色产业和商业模式，是崂山文化遗产旅游产品生产空间的核心组成部分。在遗产旅游型村落生产空间建设中，特色产业是其重要支柱。同时，遗产旅游型村落的生产空间产业建设也要考虑周边地区的整体性，利用互联网、交通物流等系统加强与周边城市区域的产业联系，聚焦前沿技术、新兴业态，形成一条完整的旅游休闲产业链，从而塑造遗产旅游休闲特色产业空间，实现乡村生产空间的集聚和高效率。青岛市崂山区域要求停止对生态造成破坏的渔业、养殖业等，但可在原址开发出一条特色渔业观光游线路，结合相关海洋生物开展科普宣传。并以农业、茶业和商业为载体，将传统的旅游村居转变为经济转型的对象，以此打造休闲茶园和休闲采摘园。同时，结合遗产村落的工艺艺术产业，打造特色产品，发展具有崂山遗产地旅游村落特色的文创产业，一方面，要结合国家政策，合理、充分利用崂山资源，实施经济重点转移战略；另一方面，要结合可持续发展战略，发展绿色经济。最后，逐步形成了既服务于游客，又带动地方经济的完整产业链。

（2）生活空间——基于崂山传统文化的遗产旅游型乡村文旅体验路径

遗产旅游要素是遗产旅游型乡村的核心。有特色的遗产旅游元素因此成为乡村生活空间的重要组成部分，因地制宜地培育适合地方发展的特色旅游项目成为乡村生活空间规划的重点。文化性是生活的精神内核，它赋予乡村生活空间以鲜活的灵气和丰富的人文内涵，特色遗产旅游休闲文化不仅能彰显乡村的个性，展现乡村独特的人文风貌，更能提升乡村的活力和核心竞争力。因此，在乡村的生活场域中，应着力推进遗产旅游休闲文化与乡村融合发展，尤其要注重挖掘民族传统文化、地域特色旅游休闲文化等，用"文化＋特色"的方法来培育遗产旅游休闲型村落生活空间。以游客融入当地生活为核心，创造适合崂山传统文化传承的生活空间，成为崂山文旅体验路径设计的重点。以日常生活为出发点，结合崂山风景资源，定期举办乡土生活体验活动，让游客深入了解遗产型旅游村的文化内核；以特色宗教活动为切入点，利用当地的宗教文化资源，通过传统建筑，开展宗教活动，增进游客对历史的了解和学习。

（3）生态空间——基于崂山山清水秀生态廊道的遗产型乡村规划建设路径

生态空间是维持生态环境和生态产品再生产的空间载体，保护建设崂山的生态空间，是崂山产品空间和生活空间可持续发展的重要方式和内容。"绿水青山就是金山银山"的发展理念是崂山生态空间规划必须遵循的基本原则，因地制宜建设适合地方乡村的特色生态空间。"绿色生态"蕴含的"健康""生命力"等生态理念与村庄居民生产、生活的追求具有高度耦合性，在不破坏原有生态环境的基础上，以自然山水资源为依托，把旅游与自然生态相结合，打造出遗产型村庄绿色景观廊道，成为一个"文化＋生态"的旅游村庄。还要考虑旅游发展带来的人口增加等因素对原有生态格局造成的冲击，从而建立以生态旅游廊道为主，结合崂山风景、遗产村庄等旅游要素，成为崂山文旅体验的重要途径；最终建立一个完整的生态空间体系，以生态旅游廊道将各个村庄的遗产连接起来，一方面加强了对当地物种及生物多样性的保护，形成绿色生态的理念；另一方面将整个旅游景点通过廊道连接起来，形成一个完整的遗产型村庄旅游空间体系，建立了一种低碳化、绿色化的旅游模式（图4-14）。

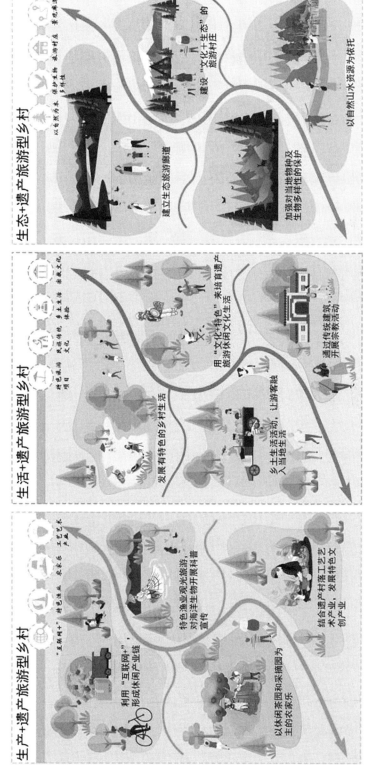

图 4-14 崂山 "三生" 空间维度下遗产旅游型乡村创新途径

第5章

崂山风景资源管理与保护策略

对于风景名胜区的空间分区管理而言，风景特质区域的边界为风景名胜区提供了有效的管理区域，从而实现了特色鲜明的保护。景观类型描述包括生态系统的自然景观条件和分区，文化遗产景观条件和分区以及村镇的景观条件和分区。景观类型描述可以确定景观的未来管理方向。对每个风景特质区域内进行了活动人群的调查与分析，挖掘崂山风景资源保护过程中真实存在的问题，同时将人们对于崂山生态保护与旅游发展的各项评价列表、图示，目的是更直观地表达出存在矛盾的区域及区域发展方向。因此，本章将整合和讨论上述两章的研究结果，划分崂山生态旅游管护线，随后，以生态保护与旅游发展协同为发展意见，提出崂山风景名胜区风景资源保护策略，为崂山风景名胜区后续发展提供参考性建议。

5.1 崂山生态旅游管护线划分

崂山生态旅游管护线划分的原则是为保证崂山风景资源的可持续，本书以生态保护与旅游发展协同为目标。也就是说，在问卷数据中，最理想的状态是生态条件满意度数值与旅游条件满意度数值持平，它们的差值表现了各区域生态旅游发展倾向。首先，对崂山生态条件的满意度和旅游条件的满意度进行单项评分（表 5-1、表 5-2）。随后，采用相应的流程进行分析（图 5-1）。图 5-1 中，F（Final）为生态旅游最终值，D（Difference value）为差值，E（Ecology）为生态条件满意度，T（Tourism）表示旅游条件满意度。最后，将分析结果与《崂山风景名胜区总体规划（2021—2035 年）》规划总图（崂山风景区）中风景游览区、风景恢复区、风景控制区进行对比。

崂山生态旅游满意度区域评分分类原则 表 5-1

1 生态条件满意度	分值	区域名称	简称
根据表 5-2	0~1200	满意度低	E1
	1200~1300	满意度中等	E2
	1300~1400	满意度高	E3

续表

2 旅游条件满意度	分值	区域名称	简称
根据表 5-4	0~1100	满意度低	T1
	1100~1200	满意度中等	T2
	1200~1400	满意度高	T3
3 生态旅游平衡度	分值	区域名称	简称
根据表 5-6	0~70	平衡度高	B1
	70~150	平衡度中等	B2
	150~250	平衡度低	B3
4 生态旅游满意度	分值	区域名称	简称
根据表 5-8	1900~2300	满意度低	ET1
	2300~2500	满意度中等	ET2
	2500~2800	满意度高	ET3

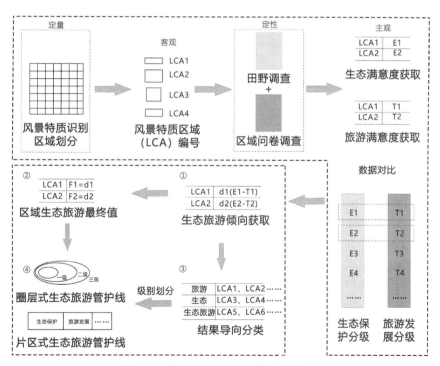

图 5-1　崂山生态旅游管护线划分流程图

图 5-2a 可知，崂山公众参与者对崂山风景名胜区生态条件的满意度呈圈层式递进。根据表 5-3 得知，满意度低的区域分布在崂山的中山、盆地区域，景观类型描述为自然景观类型，面积为 81.5km²。满意度中等区域集中在巨峰景区以及崂山北部平原，面积

为 138.75km²。满意度高的区域面积最大，为 161.5km²。由图可以看出，崂山公众参与
者对生态条件的满意度呈现西侧地区明显高于东侧沿海地区，外围区域高于内部区域的特
征。由于崂山风景游览区集中在崂山中部和东南沿海区域，可以预估人类旅游活动确实对
自然环境产生了一定的破坏。人类活动较少的风景发展区、风景控制区自然环境则保持
良好。

崂山公众参与者对 20 个风景特质区域生态条件的满意度评分　　　　表 5-2

风景特质区域	对生态条件的满意度 / 分	对生态条件的满意度等级
5	984.28	满意度低
8	1175	满意度低
7	1200	满意度中等
12	1216.67	满意度中等
6	1237.5	满意度中等
10	1241.67	满意度中等
4	1275	满意度中等
20	1277.5	满意度中等
3	1291.67	满意度中等
11	1300	满意度高
16	1308.33	满意度高
9	1312.5	满意度高
19	1320.83	满意度高
18	1333.33	满意度高
17	1341.67	满意度高
13	1358.33	满意度高
14	1379.17	满意度高
15	1387.5	满意度高
1	1400	满意度高
2	1400	满意度高

生态条件满意度的等级情况　　　　表 5-3

满意度等级	风景特质区域	崂山景观类型	面积 /km²
满意度低	5、8	N	81.5
满意度中等	3、4、6、7、10、12、20	N、H、S	138.75
满意度高	1、2、9、11、13、14、15、16、17、18、19	N、H、S	161.5

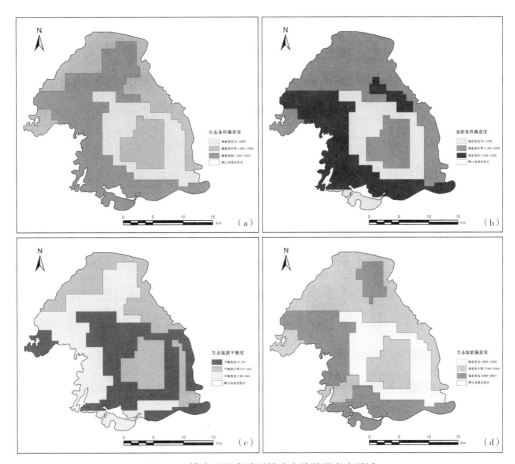

图 5-2　崂山风景名胜区的生态旅游满意度区域

　　崂山公众参与者对崂山风景名胜区旅游条件的满意度如图 5-2b 和表 5-4 所示。满意度低的区域大多分布在崂山的中山、盆地区域，还有崂山最南端，景观类型描述为自然景观类型、乡村景观类型，面积为 78.75km²。满意度中等区域集中在巨峰景区，以及崂山北部和东部沿海区域，景观类型描述为自然景观类型、历史景观类型、乡村景观类型，面积为 176.75km²。满意度高的区域主要分布在崂山西南侧，景观类型描述为自然景观类型、历史景观类型，面积为 126.25km²（表 5-5）。其中，满意度中等面积占比最大，满意度高的区域次之，满意度低的区域面积最小。另外，崂山公众参与者对崂山的旅游条件满意度呈现出南部高于北部、西部高于东部、外部高于内部的特征。同时，对风景游览区的满意度低于风景发展区和风景控制区，可以适当开发风景发展区，创建新景区。

崂山公众参与者对 20 个风景名胜区域旅游条件的满意度评分　　　表 5-4

风景特质区域	对旅游条件的满意度评分	对旅游条件的满意度等级
5	975.76	满意度低
20	1090	满意度低
8	1100	满意度中等
11	1100	满意度中等
6	1116.67	满意度中等
10	1133.33	满意度中等
17	1154.17	满意度中等
1	1158.33	满意度中等
2	1158.33	满意度中等
7	1162.5	满意度中等
3	1168.06	满意度中等
12	1187.5	满意度中等
4	1204.17	满意度高
16	1225	满意度高
19	1225	满意度高
14	1229.17	满意度高
13	1258.33	满意度高
18	1283.33	满意度高
15	1329.17	满意度高
9	1337.5	满意度高

旅游条件满意度的等级情况　　　表 5-5

满意度等级	风景特质区域	崂山景观类型	面积 /km²
满意度低	5、20	N、S	78.75
满意度中等	1、2、3、6、7、8、10、11、12	N、H、S	176.75
满意度高	4、9、13、14、15、16、17、18、19	N、H	126.25

　　崂山公众参与者对崂山风景名胜区生态旅游平衡度评分如图 5-2c 和表 5-6 所示，其中平衡程度是由每个风景特质区域中，公众参与者对生态条件和旅游条件满意度的差值得出的。差值越小，生态旅游平衡度越高；差值越大，生态旅游平衡度越低。与图 5-2a 和图 5-2b 相反，平衡度高的区域大多分布在崂山的中山、盆地区域，以及部分边角区域，景观类型描述为自然景观类型、历史景观类型、乡村景观类型，面积为 133.25km²。平衡度中等的区域集中在巨峰景区，以及北部边缘区域，景观类型描述为自然景观类型、历史景观类型，面积为

165km^2。平衡度低的区域主要分布在崂山西侧，景观类型描述为自然景观类型、历史景观类型、乡村景观类型，面积为83.5km^2。平衡度中等面积占比最大，平衡度高的区域次之，平衡度低的区域面积最小（表5-7）。其中，除去风景特质区域9外，其他风景特质区域均为生态条件满意度高于旅游条件满意度，崂山风景游览区的平衡度高于风景发展区和风景控制区，主要原因是风景发展区和风景控制区的生态条件分值明显高于旅游条件，需要对风景发展区进行适当的旅游开发。

崂山公众参与者对 20 个风景名胜区域生态旅游平衡度评分　　　　表 5-6

风景特质区域	对生态旅游平衡度评分	对生态旅游的平衡度等级
9	−25	平衡度高
5	8.52	平衡度高
12	29.17	平衡度高
7	37.5	平衡度高
18	50	平衡度高
15	58.33	平衡度高
4	70.83	平衡度中等
8	75	平衡度中等
16	83.33	平衡度中等
19	95.83	平衡度中等
13	100	平衡度中等
10	108.34	平衡度中等
6	120.83	平衡度中等
3	123.61	平衡度中等
14	150	平衡度低
20	187.5	平衡度低
17	187.5	平衡度低
11	200	平衡度低
1	241.67	平衡度低
2	241.67	平衡度低

生态旅游平衡度的等级情况　　　　表 5-7

满意度等级	风景特质区域	崂山景观类型	面积 /km^2
平衡度高	5、7、9、12、15、18	N、H、S	133.25
平衡度中等	3、4、6、8、10、13、16、19	N、H	165
平衡度低	1、2、11、14、17、20	N、H、S	83.5

崂山公众参与者对崂山风景名胜区生态旅游整体满意度如图 5-2d 和表 5-8 所示，其中生态旅游满意度是由每个风景特质区域中，公众参与者对生态条件和旅游条件满意度之和得出的。生态旅游值越小，生态旅游满意度越低；生态旅游值越大，生态旅游满意度越高。满意度低的区域分布在崂山的中山、盆地区域，景观类型描述为自然景观类型，面积为 81.5km²。满意度中等区域集中在北部，以及东部沿海区域，景观类型描述为自然景观类型、历史景观类型、乡村景观类型，面积为 183.25km²。满意度高的区域集中在崂山西南边缘，以及北部中心区域，景观类型描述为自然景观类型、历史景观类型、乡村景观类型，面积为 117km²。其中，满意度中等面积占比最大，满意度高的区域次之，满意度低的区域面积最小（表 5-9）。崂山公众参与者对崂山生态旅游满意度呈现出西部高于东部、外部高于内部的特征。风景游览区的满意度低于风景发展区和风景控制区。

崂山公众参与者对 20 个风景特质区域生态旅游满意度评分　　表 5-8

风景特质区域	对生态旅游满意度评分	对生态旅游的满意度等级
5	1960.04	满意度低
8	2275	满意度低
6	2354.17	满意度中等
7	2362.5	满意度中等
20	2367.5	满意度中等
10	2375	满意度中等
11	2400	满意度中等
12	2404.17	满意度中等
3	2459.73	满意度中等
4	2479.17	满意度中等
17	2495.84	满意度中等
16	2533.33	满意度高
19	2545.83	满意度高
1	2558.33	满意度高
2	2558.33	满意度高
14	2608.34	满意度高
18	2616.66	满意度高
13	2616.66	满意度高
9	2650	满意度高
15	2716.67	满意度高

生态旅游满意度的等级情况　　　　　　　　　　　　　　表 5-9

满意度等级	风景特质区域	崂山景观类型	面积 / km²
满意度低	5、8	N	81.5
满意度中等	3、4、6、7、10、11、12、17、20	N、H、S	183.25
满意度高	1、2、9、13、14、15、16、18、19	N、H、S	117

综上所述，根据图 5-2a 和 5-2b 的满意度分析，将生态条件满意度类比生态保护程度（图 5-3 Ⅰ），并遵循相应的分类原则（表 5-10）。公众参与者对生态条件满意度低，则生态保护程度在原本保护基础上增强；公众参与者对生态条件满意度高，则生态保护程度可维持原本保护状况。同理，可以将旅游条件满意度类比旅游发展程度（图 5-3 Ⅱ，表 5-10）。将图 5-2c 生态旅游平衡度（表 5-6）及 5-2d 生态旅游满意度（表 5-8）作为崂山风景名胜区生态旅游管护线的决定性因素，进行赋值叠加（表 5-11）。其中，平衡度越高、满意度越高，优势越明显，由此得出生态旅游优势区（图 5-3 Ⅲ，表 5-10），其中，风景发展区优势不明显，历史和乡村景观区域优势明显高于自然景观区域。最后，将每个风景特质区域内的生态条件满意度和旅游条件满意度数值对比，得出公众参与者对生态旅游发展倾向，利用数值分级划分（表 5-12）。研究发现，风景特质区域内仅区域 9 的发展倾向为生态保护，其余均为旅游发展（图 5-3 Ⅳ，表 5-10）。

崂山生态旅游区域评分分类原则　　　　　　　　　　　　表 5-10

Ⅰ 生态保护区	分值	区域名称	简称
根据生态条件满意度	0~1200	一级生态保护区域	E01
	1200~1300	二级生态保护区域	E02
	1300~1400	三级生态保护区域	E03
Ⅱ 旅游发展区	分值	区域名称	简称
根据旅游条件满意度	0~1100	一级旅游发展区域	T01
	1100~1200	二级旅游发展区域	T02
	1200~1400	三级旅游发展区域	T03
Ⅲ 生态旅游优势区	分值	区域名称	简称
根据表 5-11	3	一级优势区	S1
	4	二级优势区	S2
	5	三级优势区	S3
	6	四级优势区	S4
Ⅳ 生态旅游发展评估区域	分值	区域名称	简称
根据表 5-12	150~250	一级旅游发展区域	F1
	50~150	二级旅游发展区域	F2
	0~50	三级旅游发展区域	F3
	−100	三级生态保护区域	F4

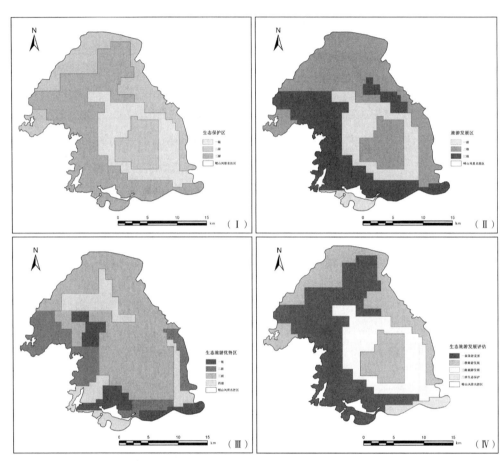

图5-3 崂山风景名胜区的生态旅游区域

<table>
</table>

崂山生态旅游优势区计算统计   表5-11

风景特质区域	1	2	3	4	5	6	7	8	9	10	11	12	13	14	15	16	17	18	19	20
生态旅游平衡度	1	1	2	2	3	2	3	2	3	2	1	3	2	1	3	2	1	3	2	1
生态旅游满意度	3	3	2	2	1	2	2	1	3	2	2	2	3	3	3	2	3	3	2
合计	4	4	4	4	4	5	3	6	3	3	5	5	4	6	5	3	6	5	3

（注：在崂山风景名胜区的风景特质区域中，将生态旅游平衡度低的赋值1，平衡度中等的赋值2，平衡度高的赋值3。生态旅游满意度同理。）

风景特质区域中生态旅游发展评估等级划分   表5-12

风景特质区域	自然—旅游评分	数值对比	发展倾向	发展等级
1	241.67	自然＞旅游	旅游	一级旅游发展
2	241.67	自然＞旅游	旅游	一级旅游发展
3	123.61	自然＞旅游	旅游	二级旅游发展

续表

风景特质区域	自然—旅游评分	数值对比	发展倾向	发展等级
4	70.83	自然 > 旅游	旅游	二级旅游发展
5	8.52	自然 > 旅游	旅游	三级旅游发展
6	120.83	自然 > 旅游	旅游	二级旅游发展
7	37.5	自然 > 旅游	旅游	三级旅游发展
8	75	自然 > 旅游	旅游	二级旅游发展
9	−25	旅游 > 自然	自然	三级生态保护
10	108.34	自然 > 旅游	旅游	二级旅游发展
11	200	自然 > 旅游	旅游	一级旅游发展
12	29.17	自然 > 旅游	旅游	三级旅游发展
13	100	自然 > 旅游	旅游	二级旅游发展
14	150	自然 > 旅游	旅游	一级旅游发展
15	58.33	自然 > 旅游	旅游	三级旅游发展
16	83.33	自然 > 旅游	旅游	二级旅游发展
17	187.5	自然 > 旅游	旅游	一级旅游发展
18	50	自然 > 旅游	旅游	三级旅游发展
19	95.83	自然 > 旅游	旅游	二级旅游发展
20	187.5	自然 > 旅游	旅游	一级旅游发展

5.2　崂山生态旅游分类管护策略

研究结果表明，公众参与者评价不仅有助于分析崂山不同风景特质区域中的生态旅游发展困境，还将这些潜在问题呈现为数据和图像，为崂山风景名胜区的管理和发展提供了良好的依据。公众参与者评价使区域管理与人类活动密切相关，使管理者能更好地了解、参与和制定发展方向。在风景特质识别的基础上进行公众参与者评价，能更好地匹配管理策略和管理对象，使策略更具针对性。公众参与者评价包含足够广泛的人群基础，目的是使研究更加全面准确。

在崂山风景名胜区中，公众参与者的生态满意度明显高于旅游满意度，这一结论符合风景名胜区的发展设定。然而，在目前生态旅游的大环境下，做到生态保护与旅游发展协同，才是风景名胜区可持续发展的新目标。另外，针对已有研究结果，对比崂山总体规划和风景资源现状，对生态旅游发展区域进行调整。过度的旅游活动会对生态环境造成一定的破坏，因此对于崂山风景区名胜区中的恢复区和控制区，采取旅游发展降级。也就是说，将风景特质区域 14，由一级旅游发展调整为二级旅游发展，将风景特质区域 6、8、13、

19，由二级旅游发展调整为三级旅游发展，得出最终的崂山生态保护旅游管护区域。在此基础上，对崂山生态旅游区域进行分类。生态旅游区域分为生态保护和旅游发展两个方向，旅游发展又被划分为一级旅游发展、二级旅游发展和三级旅游发展。另外，生态保护方向根据数值划定为三级生态保护（表5-13、表5-14）。

崂山生态旅游管护区域评分分类原则（1）　　　　表5-13a

生态旅游发展评估	分值	区域名称	简称
根据Ⅳ生态旅游发展评估区域	150~250	一级旅游发展区域	F1
	50~150	二级旅游发展区域	F2
	0~50	三级旅游发展区域	F3
	−100	三级生态保护区域	F4

崂山生态旅游管护区域评分分类原则（2）　　　　表5-13b

生态旅游发展区域	区域名称	简称
根据生态旅游发展评估、崂山分级保护规划图、崂山风景资源现状	一级旅游发展区域	F
	二级旅游发展区域	S
	三级旅游发展区域	T
	三级生态保护区域	NA

崂山生态旅游管护类型　　　　表5-14

生态旅游大类编码	生态旅游子类编码	名称	风景特质区域
F（First level）	F1、F2、F3	一级旅游发展区域	1、2、11、17、20
S（Second level）	S1	二级旅游发展区域	3、4、10、14、16
T（Third level）	T1、T2	三级旅游发展区域	5、6、7、8、12、13、15、18、19
NA（Natural）	N1	三级生态保护区域	9

　　对于风景名胜区的空间管理，生态旅游区域的边界为风景名胜区划分了不同级别的管护线，从而可以进行特色和针对性发展。在本书中，笔者以崂山为例，利用框架中的满意度数值划分成不同的生态旅游区域，以实现生态保护与旅游发展协同的管理目标。崂山风景名胜区的四种生态旅游区域、景观类型、具体景观条件、分区和管护模型的示例可以在图5-4~图5-7中看到。

　　不同的风景特质区域反映了不同的生态环境和文化价值，不同的分区管理可以有效地减轻自然灾害和人类活动的影响。不同的生态旅游区域反映了不同的景观现状和发展方向，不同的分区管理可以有效地保护风景资源和提升经济效益。值得强调的是，利用风景特质

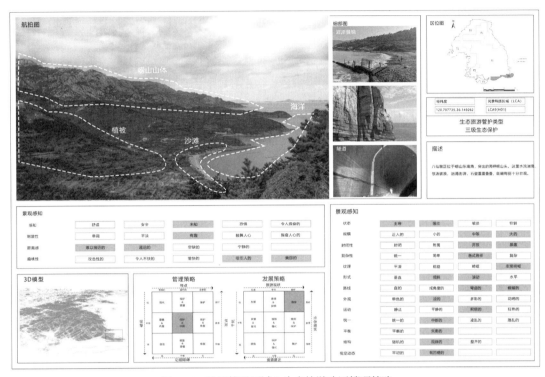

图 5-4　风景特质区域 9 生态旅游分区管理策略

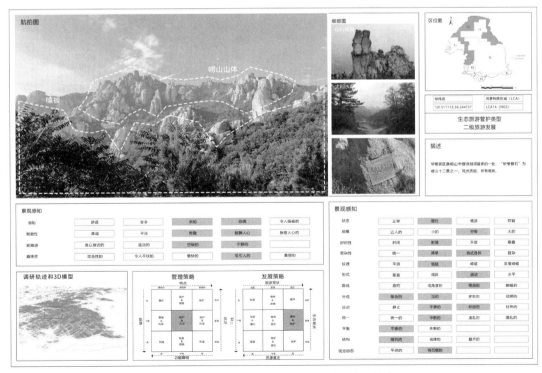

图 5-5　风景特质区域 14 生态旅游分区管理策略

山光海色：崂山风景资源管理与保护

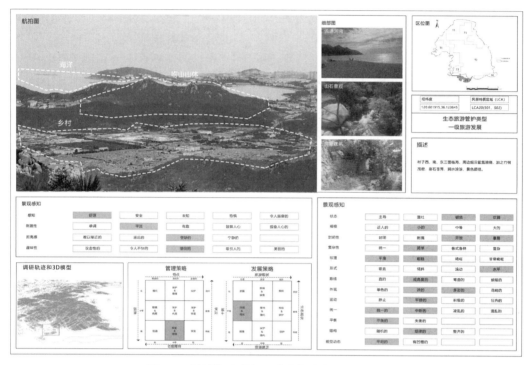

图 5-6　风景特质区域 20 生态旅游分区管理策略

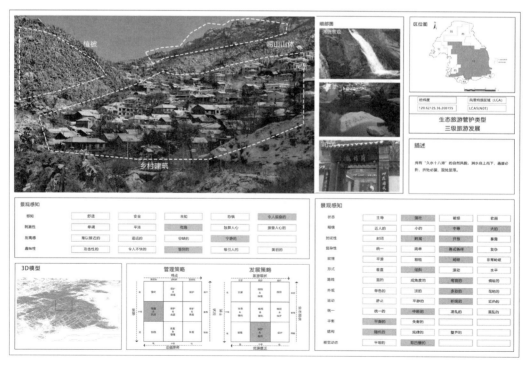

图 5-7　风景特质区域 5 生态旅游分区管理策略

106

识别方法划分的风景特质区域，是进行生态保护和旅游发展的优势单元。因此，整合风景特质区域和生态旅游区域的研究结果，结合崂山景观类型描述及分区管理，可以很好地进一步指导崂山风景资源保护管理。例如，风景特质区域 9 属于三级生态保护区域，是崂山唯一一个旅游满意度高于自然满意度的风景特质区域，其特点是自然和文化资源丰富、三面临海、人流量大。因崂山角可达性低，此处生态状况良好，但也要考虑环境承载力的影响，适当控制人类活动范围和力度，因此管理策略是采取保护和巩固加强措施。同时，此区域的生态保护和旅游发展满意度较高且差值较小，因此发展策略是进行适当控制、维持现状。风景特质区域 14 属于二级旅游发展区域，其景观类型包含自然景观和历史景观两种，特征是具有壮观的叠石景观和题词石刻，管理策略是保护和加强。区域自然满意度中等，旅游满意度高，发展策略是进行维持发展和适当保护。同理，风景特质区域 20 属于一级旅游发展区域，属于乡村景观类型，管理策略是恢复破损景观、加强景观特色，发展策略是探索和强化新的旅游发展路径。风景特质区域 5 属于三级旅游发展区域，属于自然景观类型，管理策略是增强和巩固景观，发展策略是保护生态的基础上强化旅游发展。

对于风景特质区域生态旅游分区管理和发展策略（图 5-8）的解译及使用方法如下：

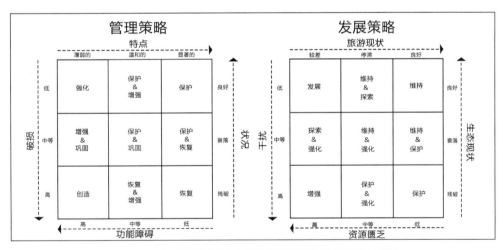

图 5-8　风景特质区域生态旅游分区管理与发展策略九宫格

（1）管理策略

该管理策略图首先将风景特质区域状况分为良好、衰落、残破三类，同时对应破损程度划分为低、中、高三类，即破损程度低说明区域状况良好；破损程度中等说明区域处于衰落状况；破损程度高属于残破状况，反之相同。其次，将风景特质区域特点分为薄弱的、温和的和显著的三类，对应区域功能障碍高、中等、低三类，即区域功能障碍低则功能性强，说明特点显著；区域功能障碍中等则功能性中等，区域特点较温和；区域功能障碍高则功能性小，说明特点薄弱。

综合区域状况、破损程度、功能障碍和区域特点四项，可以对应选出适合相应风景特质区域的保护、恢复、巩固和增强等管理策略。例如，区域状况良好、特点显著，可以实施不改动、保护现状策略；破损程度高、功能障碍高，可以实施场地新改造，即创造新功能激活场地；破损程度中等、功能障碍低，可以实施场地功能保护与恢复等。

（2）发展策略

发展策略图将风景特质区域生态现状分为良好、衰落、残破3类，对应干扰程度划分为低、中、高3类，即生态现状良好则干扰程度低；生态现状衰落则干扰程度中等；生态现状残破则干扰程度高，反之相同。其次，将旅游现状分为较差、停滞、良好3类，对应资源匮乏程度高、中等、低3类，即资源匮乏程度高则旅游现状较差；资源匮乏程度中等则旅游现状停滞；资源匮乏程度低则旅游现状良好。

风景特质区域的发展策略将根据崂山公众参与者问卷满意度数据得出，九宫格中的生态现状和旅游现状分别对应生态保护满意度和旅游发展满意度，同时生态现状和旅游现状的低、中、高三个等级分别对应生态保护区和旅游发展区的一级、二级和三级，另外可以根据风景特质区域的干扰和资源匮乏程度进行调整。例如，风景特质区域属于一级生态发展区域，对应生态现状残破，二级旅游发展区域，对应旅游现状停滞，可以实施保护生态、强化旅游资源的发展策略等。

5.3　崂山生态旅游综合管护策略

5.3.1　边界保护策略

如何保护生态环境的完整性、历史文化资源的连续性是我国山岳风景名胜区有待探索的重要研究领域。与其他类型保护地相比，山岳风景名胜区更复杂，特别是在确定风景区的外围边界和内部景观类型划分方面。同时，由于山岳风景名胜区可达性差，使其保护难度大，保护形式更偏向于线性保护。风景特质识别具有连续性、层次性，能够完整地识别风景资源，还可以为不同尺度的风景空间提供整合依据。

崂山风景名胜区的保护依托风景名胜区总体规划，在现有规划中，风景名胜区被划分为风景游览区、风景恢复、发展控制区和旅游服务区。风景游览区为现有的八大景区（仰口景区、九水景区、华严景区、巨峰景区、登瀛景区、流清景区、太清景区、华楼景区），风景恢复区规划为不开展游览的山林地，发展控制区是村庄、耕地、园地相对集中的区域，旅游服务区包括九水、华楼两处旅游服务村及其他规划有床位的旅游服务点。简单依托景区边界、场地划分的保护范围忽视了风景资源的完整性和联系性。在风景特质识别中，崂山风景名胜区被划分为20个风景特质区域，并将它们归类于三大景观类型中

图 5-9　崂山三大景观类型关系图

（图5-9）。相较于总体规划处理的风景区域划分方式，风景特质识别能够提供更具体的风景信息划分依据。风景特质识别注重风景资源发展现状，而不是采用后天发展状况划分的方式确定保护边界。

图 5-10 是以 500m×500m 为网格单元，对崂山不同风景特质类型进行分析。由图可知，崂山生态功能区集中于中部山体，历史胜迹地多分布在崂山的西侧和南侧，游憩功能区主要分布在东南沿海区域。虽然三个功能区存在重叠部分，但占比小，功能性不强。因此，为了保证风景资源的连续性，崂山应形成山—水—村相互融合的统一整体，山体贯穿整个风景名胜区，水体纵横交错于山体之间，形成异质性水景，村镇坐落于山脚平坦边缘，融汇成依山傍水的村景，使每个区域实现差异化发展。

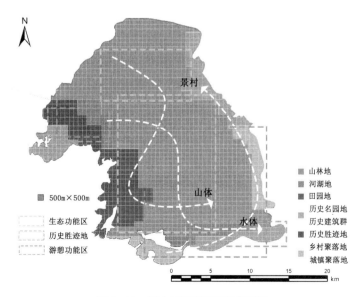

图 5-10　崂山风景特质网格分布图

由表 5–15 可知，崂山随着海拔高度由高到低依次分布着自然景观、历史景观和乡村聚落景观。在自然景观类型中，山林地（N01）分布的海拔高度最高，其次是河湖地（N02）和田园地（N03），地形起伏度相同，因田园地（N03）分布在内陆，不受海洋覆盖，依据人类活动影响强度范围来看，山林地（N01）受影响强度最低，景观效果好，可在不破坏生态环境的基础上提高利用程度。河湖地（N02）和田园地（N03）本身作用于河流景观、水库和乡村用地，建议保护强度和利用程度维持现状。在历史景观类型中，历史胜迹地（H03）分布于内陆，历史名园地建筑群（H01，H02）分布在内陆和沿海区域，例如分布在沿海区域的太清宫、华严寺，因此人类活动强度高，利用程度高，应加强沿海区域的历史景观保护。崂山聚落景观（S01，S02）均沿海分布，依山傍水的地域性优势使崂山的乡村景观旅游吸引力强，建议在维持乡村形态的基础上提升各乡村异质性。

崂山风景特质类型规划建议　　　　　　表 5–15

风景特质区域	景观类型	风景要素信息					规划建议	保护强度	利用程度
		海拔高度	地形起伏度	地表覆盖类型	土壤	人类活动影响强度			
1、2、4、5、6、8、10、11、15、18	N01	A1、A2、A3、A4、A5	T1、T2、T3、T4	L1、L2、L3、L4、L5、L6	S1、S2、S3、S4、S5、S6	H1、H2、H3、H4	风景资源丰富，保持山林景观	●	○○○
14、19	N02	A1、A2、A3、A4、A5	T1、T2、T3	L1、L2、L3、L4、L5、L6	S1、S5、S6	H1、H2、H3、H4	少流经起伏的山地，土壤类型较少，在防止河流侵蚀土壤的情况下维护河流景观	●●	○○
16、17	N03	A1、A2、A3、A4、A5	T1、T2、T3	L1、L2、L3、L4、L5	S1、S5	H1、H2、H3、H4	保持田园风光	●●	○○
3、9、12	H01、H02	A1、A2、A3、A4	T1、T2	L1、L2、L3、L5、L6	S1、S3、S4、S5、S6	H1、H2、H3、H4	多分布在海拔较低区域，在不破坏遗址的情况下延续游憩功能	●●●	○○○
13	H03	A1、A2、A3、A4	T1、T2	L1、L2、L3、L4、L5	S1、S4、S5	H1、H2、H3、H4	保护历史遗产，传承地域文化	●●●	○○
7、20	S01、S02	A1、A2、A3	T1	L1、L3、L5、L6	S1、S2、S5、S6	H1、H2、H3、H4	分布在平坦区域，保护聚落景观，挖掘不同村落特色	●	○○○○

（注：●○数量越多，表示保护强度、利用程度越高。）

5.3.2   生态保障策略

以生态源地为保护主旨，构建海岸生态廊道。崂山是青岛市的一级生态源地，是青岛生态保护规划中的重要自然生态基底。同时，崂山沿海区域是青岛海岸带一级生态廊道的重要组成部分。作为青岛生态安全格局中的重要生态源地，崂山风景名胜区应以生态保护为主要目标。因此，可以在获取人类主观意向后，进行生态保护分级管控（图 5-3 Ⅰ，表 5-16）。针对崂山生态发展脆弱区域，勘查生态破坏根源，加强环境安全管控，适当减少人类活动。

崂山生态保护级别划分与保护利用建议 表 5-16

策略分类	生态保护级别	风景特质区域	景观类型	保护强度	利用程度
生态保障策略	一级生态保护	5、8	N01	●●●	○
	二级生态保护	3、4、6、7、10、12	N01、H01、H02、S01、S02	●●	○○
依据生态保护分级管控（图 5-3 Ⅰ）	三级生态保护	1、2、9、11、13、14、15、16、17、18、19、20	N01、N02、N03、H01、H02、H03、S01、S02	●	○○○

（注：●○数量越多，表示保护强度、利用程度越高。）

河湖水系是乡村生态环境、农业发展的主要载体。加强河、湖、水系的保护，保护河道、水库等水域空间（图 5-11）。优化水资源管理体系，加强水源涵养、改善河道水质，打造生态河道，赋予其观赏性，提高旅游吸引力。另外，遵循当地环境规律，掌握水系发展和变化特征，全面考虑水系的应用需求和实施可行性。构建河道驳岸，美化河岸环境，提升景观价值。

图 5-11   崂山凉泉河

坚持陆海统筹，推进全要素系统修复。针对崂山各风景特质区域现状特征及问题，贯彻落实山水林田湖草沙的生命共同体理念，坚持陆海统筹，推进山水林田湖草沙的全要素系统修复。

崂山一级生态保护区域为自然景观类型中的山林地（N01），二级和三级生态保护区域分别涵盖自然景观（N）、历史景观（H）和聚落景观（S），其中三级生态保护区域涵盖的景观类型（N01、N02、N03、H01、H02、H03、S01、S02）最丰富。根据崂山生态保护分级对比发现，崂山生态满意度由沿海向内陆逐渐递增，说明崂山人类活动对生态环境造成了一定的破坏，同时反映人们对于风景名胜区的生态环境质量要求较高。因此，按照生态保护级别划分，建议保护强度从三级到一级逐级增加，利用程度逐级减少（表5-16）。另外，为了保证崂山风景名胜区的延续和发展，应该在本身保护级别的基础上，进一步提升人类活动强度高的区域生态质量，提高旅游吸引力。

对于各级生态保护区域的规划建议分别是：一级生态保护区域应减少人类活动，控制游客数量，对生态环境范围进行严格保护。对于生态破坏严重区域实施生态修复，例如森林恢复、裸地重建等；二级生态保护区域应规划控制人类活动范围，对生态环境进行监督保护，对于生态较差区域可以实施资源再生或者改造措施。三级生态保护区域应维护生态环境，实时监督破坏生态行为，增强生态保护意识，适当修复维护生态环境。

图5-12a、图5-12b为崂山一级生态保护区域及其景观类型图，区域集中在低山、中山区域，分布于盆地和丘陵地，人类活动影响程度中等；图5-12c、图5-12d为崂山二级生态保护区域及其景观类型图，区域分布于高山区域、东部沿海区域和北部内陆，人类活动影响程度较高；图5-12e、图5-12f为崂山三级生态保护区域及其景观类型图，该区域与前两个相比分布海拔较低，地形起伏度低，位于崂山西侧和南部沿海区域，人类活动影响程度较高。

另外，为了崂山生态保障策略更准确地实施，可以结合表5-13、图5-12以及第4章崂山公众参与者的问卷数据，对各生态保护区域的针对性提升设计做指导。例如，一级生态保护区域包括风景特质区域5和风景特质区域8（表5-16），根据生态满意度数据（表5-17、表5-18）可知，崂山公众参与者对于风景特质区域5的乡村景观（207.01）、风景特质区域8的乡村（262.50）和海岸景观（262.50）满意度较低。

风景特质区域5的生态满意度分值   表5-17

	游客	当地居民	旅游从业者	政府	合计
动植物及其栖息地	68.18	25.00	62.50	75.00	230.68
山岳景观	81.82	50.00	68.75	75.00	275.57
乡村景观	59.09	25.00	56.25	66.67	207.01
海岸景观	77.27	50.00	68.75	75.00	271.02
合计	286.36	150.00	256.25	291.67	—

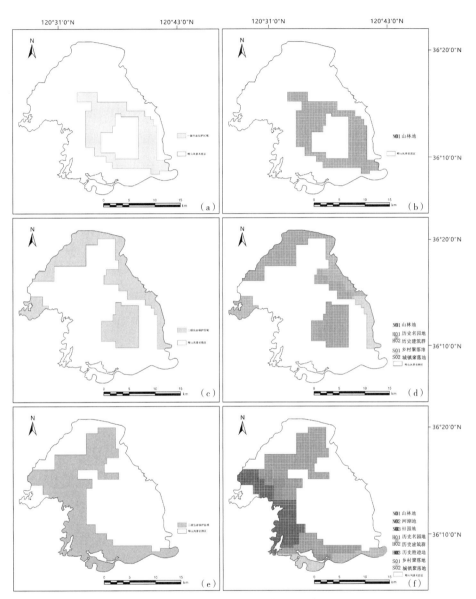

图 5-12　崂山生态保护区域及景观类型图

风景特质区域 8 的生态满意度分值　　　　　　　　　表 5-18

	游客	当地居民	旅游从业者	政府	合计
动植物及其栖息地	87.50	75.00	87.50	75.00	325.00
山岳景观	87.50	75.00	87.50	75.00	325.00
乡村景观	50.00	62.50	75.00	75.00	262.50
海岸景观	62.50	62.50	75.00	62.50	262.50
合计	287.50	275.00	325.00	287.50	—

在崂山生态保护层面，乡村景观、海岸景观、山岳景观和动植物栖息地的提升均需要注重夯实自然基础和技术更新改造两部分。遵循基底修复到自我更新，再到设计指引的过程。坐落于风景名胜区的乡村景观更加依附于生态环境，乡村与自然相辅相成。首先排查受到污染和破坏的点，逐一解决完善，例如河道修复、垃圾污染治理和植被治理等。其次，对水系统、植物系统功能的完善，例如设置生态护坡、雨水花园等来增强乡村自我调节、自我修复的功能，维护生态平衡，提高乡村生态资源优势。处理实施时弱化设计痕迹，保留乡村里原有的道路、植被、石块，多就地取材，在重要的节点上强化生态指引，放大乡村景观氛围，提升归属感，营造乡土情怀。在技术更新改造方面，革新新产业技术，引进前沿发达城市的环境治理技术，例如微生物分解垃圾技术，利用微生物发酵降解生活垃圾，减少环境污染，处理转化后的高品质菌肥用于农业耕作，改良土壤，形成资源循环，实现村民增收。

5.3.3 经济发展策略

崂山风景资源的保护不仅需要关注生态环境，还需要考虑社会经济的综合发展，实现自然保护与经济建设同步进行。在参考旅游条件满意度的基础上（图5-3 Ⅱ，表5-19），深入探究各级存在的旅游发展问题。首先，针对生态环境质量不高、建设用地扩张等问题，要提高建设用地的利用率，严禁城镇空间的扩张。打造特色滨海乡村，发挥地域优势。第二，加快崂山产业结构的优化和调整，利用崂山优势产业，如：渔业、茶等特色农产品，大力推动绿色产业发展。第三，突出文化优势，以崂山风景名胜区中的历史景观类型区域为增长极，如：太清宫、华严寺、青山村等，构建本地特色文化脉络，传承本土文化知识，保护和发展历史文化，发扬文化景观、保护传统村落。第四，完善旅游服务设施，提高旅游吸引力。

崂山旅游发展级别划分与保护利用建议　　　　　　　　　　表5-19

策略分类	级别	风景特质区域	景观类型	保护程度	利用程度
经济发展策略	旅游发展一级	5、20	N01、S01、S02	●●	○○○
	旅游发展二级	1、2、3、7、8、10、11、12	N01、H01、H02、S01、S02	●●	○○
依据旅游发展分级管控（图5-3 Ⅱ）	旅游发展三级	4、9、13、14、15、16、17、18、19	N01、N02、N03、H01、H02、H03	●●●	○

（注：●○数量越多，表示保护强度、利用程度越高。）

崂山风景名胜区内的农田多分布在北部区域，前文得出，崂山相关人群对耕地区域的生态保护状况较满意，旅游发展需求呈中等态度。崂山耕地生产潜力高且建设用地占用现象少，在推行生态退耕政策的同时，可以进一步提高耕地保护和质量优化。可适当进行农田整治、引进先进设备、提高生产效率，同时利用农业空间发挥生态调节功能。

落实最严格的耕地保护政策。严格保护永久基本农田，禁止私自占用或挪用耕地；严格控制建设用地占用耕地，落实耕地占补平衡制度；严格禁止耕地非农化、耕地非粮化，确保粮食稳定生产。提高农田建设标准，加强农业污染治理。针对重点区域，开展农田水利与防护等工程，改善农业生产条件、优化农业产业布局、提升农业生产效率。进一步加强污染防控措施，实行实时监督策略，确保粮食及其他农产品安全。

尽管崂山游客众多，经济发展加快，但农民人均收入较低。构建崂山农业发展产业链，优化农业空间布局，强化崂山中低产业发展。发挥崂山优势产业，以优带贫，将农产品优势转化为经济产品优势，挖掘其他产品优势和潜力，同时完善相关扶贫政策。

由表 5–19 可知，崂山一级旅游发展区域涵盖自然景观类型中的山林地（N01）和聚落景观（S01、S02），二级旅游发展区域涵盖自然景观（N01）、历史景观（H01、H02）和聚落景观（S01、S02），三级旅游发展区域（图 5–13）包含自然景观（N01、N02、N03）和历史景观（H01、H02、H03），其中三级旅游发展区域涵盖的景观类型最丰富。根据崂山生态保护分级对比发现，崂山旅游满意度由内向外增加、由沿海向内陆递增的趋势。整体来看，崂山历史景观和乡村景观的旅游满意度高于自然景观，说明人们在风景名胜区游览时注重旅游体验感。因此，按照旅游发展级别划分，建议保护强度从一级到三级呈递增趋势，利用程度逐级递减（表 5–19）。另外，为了提高崂山风景名胜区的旅游吸引力，在保证风景资源可持续的前提下，挖掘资源厚度，进一步完善和提升旅游服务设施，打造特色景观。

对于各级旅游发展区域的规划建议分别是：一级旅游发展区域应分析统计区域内旅游资源点，调查搜集各点旅游现状，分析旅游满意度低的原因，查缺补漏，设计构想旅游提升策略，并实施考察；二级旅游发展区域需要基于当地旅游状况，分析调查存在的旅游发展问题，完善和规划未来发展；三级旅游发展区域在现状条件下，进一步完善旅游服务设施，积极与游客沟通，获取缺点意见，及时更新完善。提升崂山旅游吸引力，促进崂山旅游发展应以提升崂山自然景观为首要任务，在历史景观和乡村景观中，挖掘当地资源特色，以合理的方式和相应的路径延续和传承文化脉络，是旅游发展的根源。

图 5–13 分别为崂山一级、二级、三级旅游发展区域及其景观类型图，各级分布情况与生态发展区域类似。图 5–14 和图 5–15 位于风景特质区域 5，属于一级旅游发展区域，交通条件和当地生活环境分值较低（表 5–20）。图 5–14 位于崂山北宅街道，服务于衔接道路，场地原定位为便民果蔬市场，但由于左侧为公交站点，同时居民果蔬售卖摊稀少，成为私家车辆停放处，导致丧失原场地作用，生活环境单一，人流量稀少，场地利用率低。

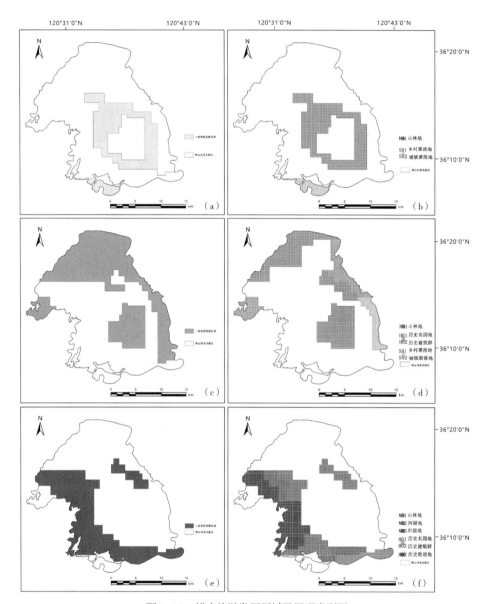

图5-13　崂山旅游发展区域及景观类型图

风景特质区域5的旅游满意度分值　　　　　　　　　　　表5-20

	游客	当地居民	旅游从业者	政府	合计
交通条件	63.64	25.00	68.75	66.67	224.06
当地生活环境	65.91	50.00	50.00	66.67	232.58
当地服务业管理	61.36	50.00	56.25	83.33	250.94
经济社会发展	68.18	75.00	50.00	75.00	268.18
合计	259.09	200.00	225.00	291.67	—

图 5–14　景观区位　　　　　　　　　　　　图 5–15　场地现状

　　场地设计既不能舍弃公交停放作用，同时需要提升市场集市功能。因此，将原场地用绿化进行分割。在公交站点一侧依据现状调研，划分出两处公交停车位，另一侧加饰"崂山集市"门头拟定市场售卖摊位位置，同时鼓励居民、政府、从业者、游客积极参与集市互动。其次，集市结束后，场地又可以作为人们活动休闲的场所，提高场地利用率。

　　风景特质区域 20 属于一级旅游发展区域，交通条件分值较低（表 5–21）。在二级和三级旅游发展区域中同样存在交通不便的情况。在推进风景名胜区发展的进程中，根据景区实际情况，规划、建设、管理好交通问题尤为重要。首先，加强景区交通规划。在景区交通规划中，既要保证景区游客交通快捷，也要保证景区居民出入方便。合理规划不同功能的交通路线，避免交通流量过度，减小景区交通压力。完善水上交通体系，注意码头建设管理，码头应设置在交通通达性好地段，避免人流车流拥挤。其次，注重停车建设管理。在景区内部存在私家车乱停放现象，不仅扰乱交通秩序，同时破坏景区景观样貌。因此，可以在景区允许建设的区域，开发景区地下停车空间。让居民参与停车场的建设和管理，提高就业率，实现居民增收。对道路上乱停乱放现象进行高收费、高处罚工作，规范交通秩序，养成良好停车习惯。另外，完善智能交通应用。完善智能交通体系，大范围、多地点地设置智能监测系统，在道路流量达到峰值、交通拥挤等问题时及时发出预警，安排相关人员进行疏导。最后，应对景区内车辆进行系统录入工作，确保每一辆车辆安全进出。

风景特质区域 20 的旅游满意度分值　　　　　　　　　　　　表 5–21

	游客	当地居民	旅游从业者	政府	合计
交通条件	33.33	66.67	91.67	62.50	254.17
当地生活环境	50.00	76.67	100.00	62.50	289.17
当地服务业管理	41.67	75.00	100.00	62.50	279.17
经济社会发展	41.67	71.67	91.67	62.50	267.50
合计	166.67	290.00	383.33	250.00	—

5.3.4　人群参与策略

崂山风景名胜区管理主要由青岛市崂山风景区管理局负责，职能包括贯彻法律法规、组织实施景区规划、风景名胜资源监测和维持景区秩序等工作，下设机构包括办公室、政工处、旅游处、市场处等。崂山文化和旅游局是推进崂山文化旅游管理的单位，下设机构包括办公室、文化和旅游科、崂山区旅游发展中心等。另外，崂山区政府是崂山风景名胜区管理的上级部门，区领导分别负责联系中韩街道办事处、沙子口街道办事处、王哥庄街道办事处、北宅街道办事处、金家岭街道办事处。风景资源管理涉及的要素较多，专业技术性强。综上，结合本研究对崂山风景资源的管理建议，应由崂山风景区管理局组织设立崂山风景资源保护管理小组，通过区级政府对自然资源（林业、海洋）、农业农村、水利、山体、文化旅游等部门的协同，进行生态保护和旅游发展的编制、实施、监管与项目管理。

根据风景特质识别结果，搭建崂山风景资源信息平台，组建规划、林业、水环境、土壤、海洋等领域咨询专家或团队。依据风景特征识别方法和公众参与者评价方法，建立健全"一年一检、五年一评估"实时规划、定期评估、动态维护的规划评估机制。建立健全公众参与机制，联合崂山公众参与者使大众了解规划、遵守规划、参与规划、监督实施规划，共同助力崂山风景资源的保护与发展。

各公众参与者可共同参与保护崂山风景资源。崂山政府和从业者可以参与、监督、管理崂山风景名胜区内的风景资源，村民通过对各自村落的文化传播保护崂山文化系统，游客可以宣传崂山美景，对外吸引更多的游客，同时发扬风景资源保护理念。另外，游客可以向村民进行耕作学习，体验民俗气息；从业者和政府和与崂山接触较多的人群，可以共同对崂山风景资源进行未来规划；居民和从业者可以共同为旅游发展助力，例如，居民提供果园采摘场地，从业者收集、分析游客的喜好和意见；乡村是崂山旅游的必经之地，居民可以把游客旅游途中出现的问题提供给政府，政府指导解决；游客可以通过旅游视角提出针对性的旅游建议，政府收集并采纳建议；从业者可以根据经验给游客提供旅游建议，同时与游客交流崂山发展状况（图5-16）。

崂山风景名胜区内可以在可规划、建设的场地上，设计多种各方公众参与者可参与的场所，指导、吸引人群参与交流：

①在崂山自然景观中，可以充分利用自然资源进行人群参与设计（图5-17）。农产业科普、观景台、生

图5-16　公众参与者参与崂山风景资源管理

态餐厅、瀑布景观、自然教室、农家乐、环保建筑、写生基地（图 5-18）等。例如，崂山茶田吸引众多游客观赏、购买，同时从业者和村民向游客提供农产业科普。农家乐可以通过政府指导，从业者、居民参与，游客体验吸引人群参与等。在写生基地中，游客通过与从业者和当地居民的沟通选取和了解写生场地。

②在崂山历史景观中，可以按照建筑遗址等样式搭建智慧化互动建筑（图 5-19）。首先，游客可以通过手机找到自己想要到达的建筑地点，在建筑中可以更近地接触、了解当

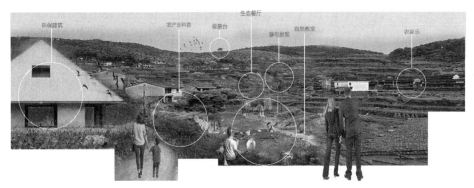

图 5-17　崂山自然景观互动设计场地

图 5-18　崂山自然景观中的写生基地

图 5-19　崂山智慧历史建筑

图 5-20　崂山居民民宿

图 5-21　崂山多样化的农家乐场景

地传统建筑，参与、收听建筑遗址课堂，进行文化学习，还可以观赏、游览随处可见的"生态博物馆"。

③在崂山乡村景观中，村民为游客提供住宿（图 5-20），乡村民宿不同于传统的饭店旅馆，也许没有高级奢华的设施，但它能让人体验当地风情、感受民宿主人的热情与服务、并体验有别于以往的生活；同时实现居民增收，以改善当地生活环境。农家乐是新兴的旅游休闲形式，是农村居民向城市居民提供的一种回归自然从而获得身心放松、愉悦精神的休闲旅游方式。以农家乐的形式进行延伸，还可以提供自然足球场地、广场舞场地、婚纱拍摄场地等（图 5-21）。

通过整理归纳了第 4 章问卷中的"满意度"数值，以崂山生态保护满意度与旅游发展满意度持平为原则，计算了各风景特质区域的生态保护与旅游发展的差值，直观表达了各区域的生态旅游发展倾向。随后，利用差值排序结果划分了崂山生态旅游管护线，得到了四类生态旅游发展区域（一级旅游发展区域、二级旅游发展区域、三级旅游发展区域、三级生态保护区域）。随后，以崂山生态旅游区域管护类型为目标进行策略分类示意（图 5-4~ 图 5-7）。最后，以整体性的视角规划、指导并设计崂山边界保护策略、生态保障策略、经济发展策略和人群参与策略。另外，针对 5.2 节示意的四类生态旅游区域，进行分级策略指导（图 5-22）。

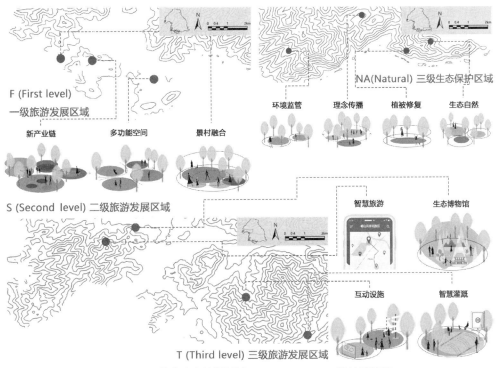

图 5-22　崂山生态旅游区域 N1、F3、S1、T2 设计策略图

5.4　可居可游的崂山风景遗产构建

5.4.1　崂山景观遗产资源梳理

崂山风景资源可以分为自然景源与人文景源两大类，一部分景源被列入崂山十二景中。自然景源可分为天景、地景、水景、植物景观四类，人文景源可分为历史建筑、人文胜迹、风物三类，其中太清水月、海峤仙墩、明霞散绮、龙潭喷雨为崂山十二景。

（1）天景

崂山南线地带内的天景主要为明霞散绮和太清水月。因为崂山为滨海山地，容易受局部小气候的影响而成雾，云雾缥缈于山海间形成壮观的云海景观。

（2）地景

崂山南线地带内的地景主要为剑峰千仞、山峦巍峨和各种奇石怪岩。崂山地貌按高程大致可分为上下两层。上层为犬齿交错的山峰，下层为花岗岩地貌。

（3）水景

崂山南线地带的水景主要为神水泉、玉液泉、龙潭瀑、八水河、龙潭水库、太清湾。

其中神水泉与玉液泉位于太清宫内，对于道教文化及太清宫内的使用具有一定价值。龙潭瀑、八水河、龙潭水库连为一体构成太清景区东侧壮观的水体景观。

（4）植物景观

崂山南线地带内的古树名木主要集中于太清宫内，有 70 余株，部分古木与古代传说相关联。较为出名的有与蒲松龄先生相关的"绛雪"古茶树、在凌霄上寄生的汉柏等。

（5）历史建筑

崂山南线地带内建筑主要聚集在太清宫（图 5-23~ 图 5-25）、上清宫、明霞洞内，其中太清宫面积最大、建筑群分布最广。太清宫为海滨道观，建筑选址极佳，背山面海，气候适宜，宫内主要宫殿为三皇殿、三清殿、三官殿，均为院落式横向布局，建筑色彩为黑灰色，多为硬山式屋顶建筑，也有硬山式卷棚式组合建筑。

2023 年 5 月经研究团队测绘得到图 5-24、图 5-25 崂山太清宫总占地面积 30000m^2，总建筑面积 2500m^2，宫分三院，各立山门，东为三官殿，中为三清殿，西为玉皇殿，其中三清殿为太清宫第二大主殿，长方形院落建筑群。

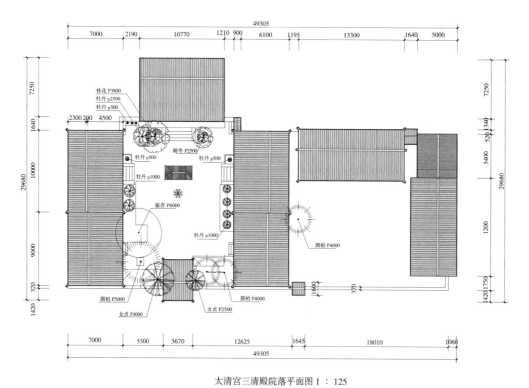

太清宫三清殿院落平面图 1：125

图 5-23　崂山太清宫三清殿平面图

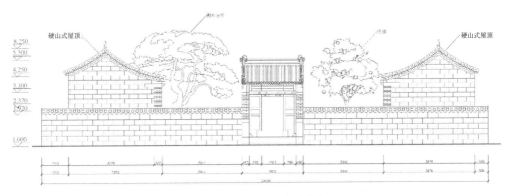

图 5-24　崂山太清宫三清殿南立面图

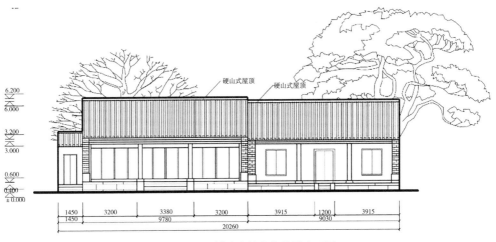

图 5-25　崂山太清宫东华殿立面图

5.4.2　崂山景观遗产资源规划策略

（1）"山海经"——景观遗产资源总体规划

崂山景观以发掘滨海山地景观为主要特色，依托现有人文自然资源和游径进行景观遗产游径规划，在尽可能保护现有资源的前提下，发掘现有环境与资源的潜力对场地进行活化改造提升。通过调研分析场地环境现状及对人文自然资源进行梳理后将场地按片区式分区规划，在场地内对遗产进行组团片区式融合（图 5-26）。第一片区为以太清宫为控制中心的"与海同尘"片区，采用将场地内各遗产单体通过游径串联的融合方式进行规划，将抽象的哲学理念与具体的功能理念在场地内更好地融合。第二片区为以崂山观海为控制中心的"山海一色"片区，同样采用串联遗产单体的方式进行规划，发挥具有美感的滨海山地景观的更大潜力。第三片区为以青山渔村为控制中心的"青山茶海"规划片区，采用将

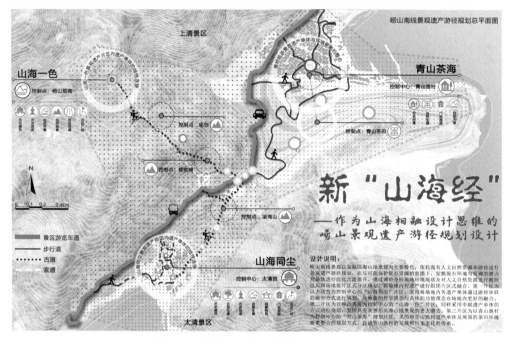

图5-26　崂山景观遗产游径规划设计平面

青山渔村遗产单体及周围的茶田环境要素整合的规划方式，促进青山渔村的发展和历史文化的传承。

（2）分区规划设计策略

①"与海同尘"——太清宫片区规划设计策略

该片区位于太清景区南侧临海，黄海、太清宫、老子像、崂山山体形成"海—筑—雕—林"的景观格局（图5-27）。以太清宫为控制中心，通过线性连接的方式将历史建筑群、各类石刻、雕像、古木等遗产单体进行串联，并采用整体性保护与整合性设计理念。首先对现有历史建筑测量绘制成详细的图纸进行记录，以便于对历史建筑的保护。利用现有道路，主要为太清宫内游步道以及太清宫至垭口广场的古道，尽可能合理、科学、最大化地将各类遗产单体进行串联，规划出一条人文自然资源景观丰富的景观遗产游径。该条景观遗产游径以太清水月为起点，到达太清广场后，自影壁处的大门进入太清宫，串联太清宫内的三清殿、三皇殿、三官殿等院落，绛雪古茶树、汉柏凌霄等古木，蒲松龄雕像、塔林、康有为石刻、邱祖石刻等胜迹，抵达老子像后出太清宫，并沿太清宫至垭口广场的古道上行，抵达"全真天下第二丛林石刻"及太清茶田再沿路上行，进入"山海一色"规划片区。在太清宫至垭口广场的游径上以太清宫历史序列为题进行叙事性游径景观提升，主要设置一些历史展览小品、观景栈道、休憩驿站等节点，运用木头、竹编、石头等自然材料尽可能地在保护现有环境的同时提升游览体验。

"与海同尘"节点平面图

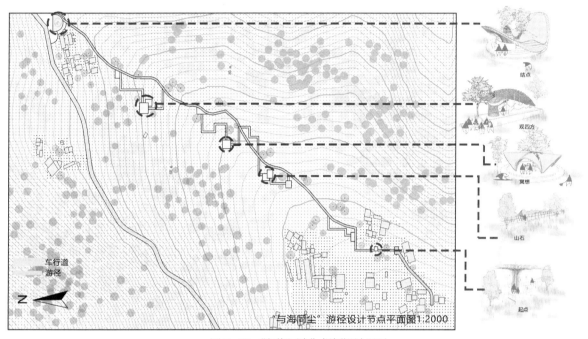

图 5-27 "与海同尘"规划设计平面

以太清宫为起点，在太清宫东侧木栈道上设置第一个节点"开端"，以现状木栈道中间保留的大树为灵感，记录太清宫的起源，以木头为主体材料，设计成树的形状，放置在木栈道中间，并在"树枝"上悬挂不同高度的小木片，在其上刻制太清宫的起源历史，不同高度以便不同年龄段的人群观看。

第二个节点"山石"，以黑白两色石头为主体，雕刻为起伏的山体轮廓形状，设置在木栈道与太清宫墙壁中间，记录早期的太清宫发展历史。

第三个节点"冥想"，以竹编、石头为主要材料，设计成抽象的花形，为一个休憩的异形亭子，设置于游径旁的林间，是以太清宫中随地打坐的虔诚旅人为灵感，旨在为其提供一个冥思的环境。中间种植树木，竹编的棚下放置可以休憩的石头，营造出静谧的氛围，游径上的行人可以在此处休憩，道士以及前来太清宫的虔诚旅人可在此处冥想静思。

第四个节点"观四方"，以竹编、石头为主要材料，设计成抽象的落叶的形状，为一个异型的休憩展览驿站设置于"全真天下第二丛林"石刻与太清茶田中间，该处地理位置极佳，往南看为太清宫、老子像、黄海，往南看为崂山山体与丛林，往西看为"全真天下第二丛林"石刻及"瑶池"石刻，往东看为太清茶田。以抽象的落叶为型，用竹编编织出两个不同大小叠加的弧形顶棚，在地面上放置石质座椅以及石质的展牌，记录下中期太清宫的发展历史，将抽象的哲学理念与具体的功能理念融合。

第五个节点"结点"，为整个序列的终点，以竹编、石头为主要材料，设计成抽象的飞鸟的形状，并结合场地现有的阴阳八卦图案碎石铺地融入相应的图案的元素，为一处休憩展览冥想的驿站，整个驿站营造出静谧的氛围，阴阳八卦图案以碎石铺于中间，并种植两棵树木，不同高度的石头一圈一圈地往外环，形成座椅与展览牌，记录下了太清宫的现状和道教文化。

②"山海一色"——崂山观海片区规划设计策略

该片区位于太清景区中部，为垭口广场到崂山观海区域，以垭口广场到崂山观海的古道串联凌海山、紫霞花台、耿真人祠、瑶池、崂山观海遗产单体（图5-28）。该片区主要为古道游览和观景，设计策略为丰富从山下、山中到山上的植物景观，提升游人在游径上的观景体验。

③"青山茶海"——青山渔村片区规划设计策略

该片区位于太清景区北部，为太清渔村及其周围林地与茶田区域，黄海、渔村、茶田、山地共同构成"海—宅—山—田"景观格局（图5-29）。以青山渔村为控制中心，将青山渔村遗产单体及周围的茶田、林地环境要素整合的规划方式。主要基于场地现状对场地进行改造提升，传承茶文化、渔村文化、海洋文化，提升居民活动空间、游人休憩观赏空间、茶田游览空间。选取渔村东侧滨海区域及与其相连的茶田为设计中心，以茶文化为核心，融入渔村文化与海洋文化。

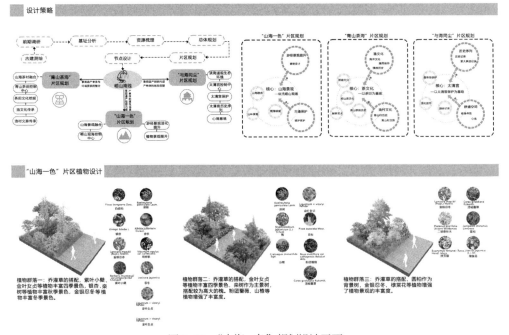

图5-28 "山海一色"规划设计平面

设计场地主要分为四个片区，第一个片区为渔村入口处的小广场，现状为居民健身休憩场地，将其进行功能及景观提升，功能由健身提升为健身、休憩、渔村文化展览、儿童游戏多重功能，主要材料采用红砖，与渔村居民住宅的主要材料相搭，设置一些镂空的红砖景墙记录渔村的历史起源，在护坡上嵌入木质牌，记录渔村的重大事迹，利用景墙将居民休憩空间和健身空间相对分隔，在休憩空间中放置圆形树池座椅，营造出阴凉舒适的休憩闲聊环境，在场地的相对封闭安全的区域利用高差设置儿童游戏区，提升场地不同年龄段人群的使用率。

第二个片区为滨海区域，主要由几个码头和沙滩组成。该区域主要为观海区域，在现有沙滩边上增加观景台和景观座椅，并在码头上设置高低不同的石柱，增加景观和休憩功能。对现有码头上的渔民小屋进行景观改造提升，成为捕鱼展示区以及海鲜市集。

第三个片区为海滩旁边的渔文化广场，以抽象的曲线进行设计，针对的主要人群为游人，利用曲线将场地划分出草地、休憩区域、展示区域三层，放置一些渔文化雕塑与捕鱼工具展示，以传播当地的渔文化。

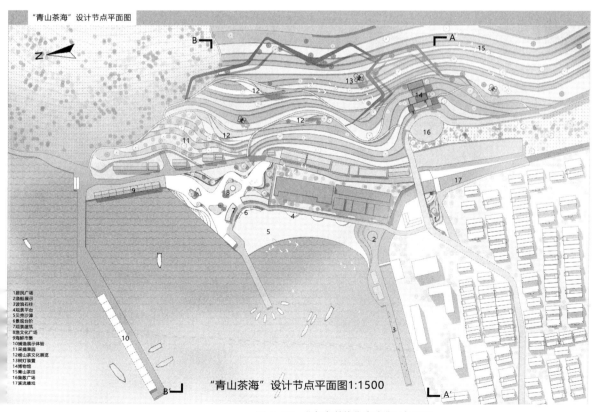

图 5-29　"青山茶海"规划设计平面

第四个片区为茶田区域，该区域主要以传播传承茶文化、游人体验为主要功能。以茶文化博物馆作为该区域的中心，茶文化博物馆以山体为灵感，结合茶田现状地形，设计为弧线坡屋顶的五个高低不一沿台地上升的单体组合建筑，其中的三个单体依次展览并让游人体验采茶的八个步骤：采青、萎凋、发酵、杀青、揉捻、烘焙、干燥、渥堆，一个单体为游客休憩室与服务中心，最外围的单体为喝茶室，并在其旁设置茶棚。在建筑以外的茶田区域，增加游览道路，并设置休憩展览节点，展示崂山茶田以及青山茶田的历史起源，传播了当地的茶文化（图5-30）。

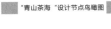

图5-30 "青山茶海" 规划设计效果图

第 6 章
结语

6.1 "空间管理—对象保护—全域风景"的崂山风景资源管护框架

对崂山风景资源的保护不应当局限于核心景区和建设范围，而应以整体的视角，对风景区域进行系统识别与保护。目前，在新保护地政策和生态旅游的发展背景下，对风景名胜区整体性的规划呼之欲出，但仍缺乏对风景名胜区风景的定义和风景特质识别的统一方法。本研究运用地理、文化系统认知梳理崂山风景营建过程，实践了从风景要素，到风景特质类型和区域识别，再到风景特质区域中公众参与者框架应用的全过程，深入分析崂山风景资源的差异性和独特性，拓展崂山风景资源管护的思路。主要结论有以下三点：

（1）风景特质识别方法创新与实践

在这项研究中，提出了风景特质识别方法和 k– 均值（k–means）聚类方法的有效组合，以确定崂山风景名胜区风景特质区域和景观类型。本研究提供了风景特质识别方法在中国山岳型风景名胜区的进一步应用。在大尺度上，以前风景特质识别被应用于国家空间、区域景观和历史名城，现在进一步扩展到风景名胜区和国家公园的地方尺度，为不同尺度的研究提供参考，并使地方决策者受益。利用崂山风景名胜区中不同风景要素的层次特征进行聚类分析，这种系统化的方法促使了大范围的崂山风景名胜区以自然和文化两个层面的整合。

（2）风景特质识别与公众参与者研究框架方法实施与贡献

对于崂山风景资源可持续的分区管理，生态旅游管护线为崂山风景名胜区提供了有效的发展策略，从而可以进行特色和有效的保护。在本文中，我们以崂山为例，使用"价值—满意度—需求"框架进行区域问卷调查，然后得到 20 个风景特质区域内的公众参与者数据，以分析崂山风景名胜区发展的实际问题。风景特质区域发展策略包括生态保护、旅游发展两个大方向，旅游发展又分为一级、二级和三级。生态旅游管护线可以确定风景特质区域的未来管理方向。崂山的四类管护策略分别示例说明。在本研究的成功应用以及方法的效率和灵活性之后，该方法可以在中国其他地区或其他国家广泛使用，以帮助全面景观的保护和规划。

（3）风景特质识别与公众参与者研究框架结合应用的整体性研究方法

风景特质识别方法是识别区域景观特征的方法，是风景资源分类管理的有效工具。风景特质识别方法结合了最广泛意义上的景观概念的力量和景观方法在政策和实践中实现联合思考的能力，它可以帮助人们做出分区决策、规划具有不同风景特质的区域、指导未来的景观规划和发展战略。生态旅游是实现景区可持续发展的重要形式，它是以环境问题为背景的，可以带动区域经济的新引擎。更准确地说，生态旅游是通过协调不同公众参与者之间的关系来构建一个稳定系统的过程。价值—满意度—需求框架是探索公众参与者对崂山生态旅游的评价，以及厘清公众参与者之间关系的有效方法。

综上所述，风景特质识别与公众参与者研究框架结合的研究方法是先客观、后主观的综合性研究方法，其步骤可以总结为以下五步：第一步，利用风景特质识别方法将崂山风景名胜区分为 20 个风景特质区域。第二步，在 20 个风景特质区域内分别进行公众参与者研究框架的应用，即在 20 个风景特质区域内，给四类公众参与者分发"价值—满意度—需求"调查问卷。第三步，收集整理 20 个风景特质区域的调查问卷数据，得出崂山公众参与者对崂山的价值、生态旅游满意度和开发需求三类数据，进行相应的数据分析。第四步，提取公众参与者对崂山生态旅游满意度部分的问卷数据，划分崂山生态旅游管护线，同时根据每个风景特质区域的生态旅游数值将这些区域归类到生态保护或者旅游发展管护类型中。第五步，根据崂山风景名胜区现状以及生态旅游数据结果提出管护策略。

6.2　崂山风景资源管护模式

在风景特质识别结果基础上，整合公众参与的信息并纳入国土风景管控分级标准，本书总结提炼出山岳风景遗产的保护模式（9 类），为新时期国土风景管护与自然保护地体系下的中国山岳保护提供指导建议（图 6–1）。

研究发现，崂山风景特质涉及"山—水—林—田—筑—海"6 种国土风景要素组合关系和自然保护区、风景名胜区、森林公园、地质公园、湿地公园 5 种保护地类型。崂山风景遗产的保护模式为 3 种不同特质类型对应的 3 种不同级别的管护单元，严格按照导则进行保护。针对三级管护分级（一级、二级、一般）提出差异化的保护等级、保护对象和保护价值。保护等级对应管护分级分为优先保护、重点保护和一般保护。保护对象依风景特质区域类型和实际情况确定：历史遗产特质类型通常为遗产或文物保护单位；自然生态特质类型通常为自然资源、空间要素和整体格局；村镇聚落特质类型通常为市政界定的聚落个体或民俗文化等。保护价值则对应风景特质类型分为历史价值、自然科学价值、美学价值和社会价值等，且与管护分级对应分为突出、重要和一般的价值等级。然而，由于当前国土空间规划的数据尚在充实，对于国土风景特质管控的分级标准还略显单薄，可继续深化分级导则的科学性和实操性。本书提出 9 类山岳风景遗产保护模式，为其他典型的山岳风景遗产保护对象、保护价值、保护策略提供依据，有助于中国山岳风景遗产的整体性保护。

	一级管护区	二级管护区	一般管护区	
历史遗产特质类型	• 保护等级：优先保护 • 保护对象： 世界遗产 国家文物保护单位 国家级非物质文化遗产等 • 保护价值：突出的历史价值等	• 保护等级：重点保护 • 保护对象： 省市地区级各级文物保护单位 省市地区级各级非物质文化遗产等 • 保护价值：重要的历史价值等	• 保护等级：一般保护 • 保护对象：普通历史遗迹、胜迹、建筑、非物质文化遗产等 • 保护价值：一般的历史价值等	保护等级　保护对象　保护价值
自然生态特质类型	• 保护等级：优先保护 • 保护对象： "山水林田湖草"要素组合关系 自然保护地 濒危和稀有物种栖息地等 • 保护价值：突出的自然科学价值、美学价值等	• 保护等级：重点保护 • 保护对象： 生态安全格局 重要自然资源 动植物栖息地等 • 保护价值：重要的自然科学价值、美学价值等	• 保护等级：一般保护 • 保护对象：自然基底 • 保护价值：一般的自然科学价值、美学价值等	
村镇聚落特质类型	• 保护等级：优先保护 • 保护对象： 国家历史文化名城（镇） 国家历史文化名村 国家传统村落等 • 保护价值：突出的社会价值等	• 保护等级：重点保护 • 保护对象： 省市级名镇、名村、传统村落 特色民俗文化 民间传说故事等 • 保护价值：重要的社会价值等	• 保护等级：一般保护 • 保护对象： 城镇风景格局 土地利用模式 配套服务设施等 • 保护价值：一般的社会价值等	

图 6-1　崂山风景资源管护模式图

参考文献

[1]   保继刚，钟新民.桂林市旅游发展总体规划（2001—2020）[M].北京：中国旅游出版社，2002.

[2]   鲍梓婷，周剑云.香港景观特征评估（LCA）的实践与经验 [J].中国园林，2015，31（9）：100–104.

[3]   程华宁.多元利益主体的风景区协调发展研究 [D].泉州：华侨大学图书馆，2006.

[4]   陈楚文，鲍沁星，冯巨浩.基于层次分析法和比较评判法相结合的森林公园风景资源评价 [J].林业资源管理，2009（5）：99–104，121.

[5]   陈珂，李兆轩，陈雪琴，等.抚顺三块石森林公园森林景观评价 [J].西北林学院学报.2010，25（3）：199–203.

[6]   陈英瑾.风景名胜区中乡村类文化景观的保护与管理 [J].中国园林，2012，28（1）：102–104.

[7]   丁文魁.风景科学导论 [M].上海：上海科技教育出版社，1993.

[8]   杜娇娇.基于游憩机会谱的崂山太清景区动态游赏规划及优化设计研究 [D].青岛：青岛理工大学，2020.

[9]   杜雁.明代武当山风景名胜理法研究 [D].北京：北京林业大学，2015.

[10] 刘红纯，邓武功，王忠杰，等.风景名胜区总体规划编制的新形势与变革趋向探讨 [J].风景园林，2022，29（12）：60–64.

[11] 邓武功，贾建中，束晨阳，等.从历史中走来的风景名胜区：自然保护地体系构建下的风景名胜区定位研究 [J].中国园林，2019，35（3）：9–15.

[12] 蒋勇军，况明生，齐代华，等.基于GTS的重庆市旅游资源评价、分析与规划研究 [J].自然资源学报，2004（1）：38–46.

[13] 乐馨雪.青山村：景村融合型传统村落公共空间更新策略研究 [D].西安：西安建筑科技大学，2021.

[14] 李晖.风景评价的灰色聚类：风景资源评价中一种新的量化方法 [J].中国园林，2002（1）：14–16.

[15] 刘滨谊.景观环境视觉质量评估 [J].同济大学学报，1990（3）：298.

[16] 刘晖.中国风景园林知行传统 [J].中国园林，2021.37（1）：16–21.

[17] 刘淑虎，张兵华，冯曼玲，等. 乡村风景营建的人文传统及空间特征解析：以福建永泰县月洲村为例 [J]. 风景园林，2020，27（3）：6.

[18] 彭琳，杨锐. 论风景名胜区整体价值及其识别 [J]. 中国园林，2018，34（7）：42-47.

[19] 王励涵. AHP 主导的潭獐峡风景名胜区景观资源评价 [D]. 重庆：西南大学，2008.

[20] 王兆惠. 青岛市崂山风景名胜区规划研究 [D]. 西安：西安建筑科技大学，2015.

[21] 吴婵. 全域旅游背景下崂山风景核心区乡村民宿发展研究 [D]. 青岛：青岛理工大学，2019.

[22] 谢凝高. 中国山水文化源流初深 [J]. 中国园林，1991（4）：15-19.

[23] 许晓青. 中国名山风景区审美价值识别与保护 [D]. 北京：清华大学，2015.

[24] 杨叠川. 多尺度风景特质类型与区域识别研究 [D]. 武汉：华中农业大学，2020.

[25] 杨晶. 基于3S技术的黑龙江省风景名胜资源综合评价研究 [D]. 哈尔滨：东北林业大学，2007.

[26] 姚国荣，陆林. 旅游风景区核心公众参与者界定：以安徽九华山旅游集团有限公司为例 [J]. 安徽师范大学学报，2007（1）：102-105.

[27] 尹航. 胶东半岛低山丘陵道教宫观园林环境空间研究 [D]. 北京：北京林业大学，2019.

[28] 余冬林. 论文化系统与科技系统融合的历史演进、内在机理以及运行模式 [J]. 系统科学学报，2018，26（3）：5.

[29] 张斌，李果. 山川待人：武陵容美土司园墅营造及其意匠 [J]. 中国园林，2016，32（7）：93-96.

[30] 张婧雅. 明清泰山管治考 [D]. 北京：北京林业大学，2018.

[31] 张子替. 生态约束下青岛市崂山区乡村发展策略研究 [D]. 青岛：青岛理工大学，2021.

[32] 赵烨，高翅. 名山风景区风景特质理论体系及其实践：以武当山为例 [J]. 中国园林，2019，35（10）：107-112.

[33] 赵烨，高翅. 英国国家公园风景特质评价体系及其启示 [J]. 中国园林，2018，34（7）：29-35.

[34] 赵智聪. 作为文化景观的风景名胜区认知与保护 [D]. 北京：清华大学，2012.

[35] 张凤玲，王铁. 基于 AHP 和模糊数学的旅游景观生态环境评价 [J]. 中国管理信息化，2008，11（24）：96-98.

[36] 张伟，吴必虎. 利益主体理论在区域旅游规划中的应用：以四川省乐山市为例 [J]. 旅游学刊，2002，17（4）：63-68.

[37] 周维权. 中国名山风景区 [M]. 北京：清华大学出版社，1996.

[38] 中国风景园林学会. 风景名胜区术语标准：T/CHSLA 50007—2020[S]. 北京：中国建筑工业出版社，2017.

[39] 中华人民共和国住房和城乡建设部. 风景名胜区总体规划标准：GB/T 50298—2018[S].

北京：中国建筑工业出版社，2018.

[40] 占思思，叶攀，朱清涛. 自然保护地体系重构下近郊型风景区景城协调路径探讨：以崂山风景区为例 [J]. 上海城市规划，2023（1）：61–67.

[41] Mow J M, Taylor E, Howard M, et al. Collaborative planning and management of the San Andres Archipelago's coastal and marine resources: A short communication on the evolution of the seaflower marine protected area [J]. Ocean & Coast–al Management, 2007, 50（3 /4）: 209–222.

[42] Natural England. Landscape Character Assessment Technical Information Note[R]. London: Landscape Institute, 2016.

[43] Ritchie J R B. Crafting a value–driven vision for a national tourism treasure [J]. Tourism Management, 1999, 20（3）: 273–282.

[44] Wrightham. M, Strategy N, Heritage S. Assessment of historic trends in the extent of wild land in Scotland: a pilot study[R]. Scotland: Scottish Natural Heritage, 2003.

[45] Tomá Chuman, Romportl D .Multivariate classification analysis of cultural landscapes: An example from the Czech Republic[J]. Landscape and Urban Planning, 2010, 98（3–4）: 200–209.

[46] Farashi A, Naderi M, Parvian N .Identifying a preservation zone using multi–criteria decision analysis[J]. Animal Biodiversity & Conservation, 2016, 39（1）: 29–36.

[47] Nair S S, Preston B L, King A W, et al.Using landscape typologies to model socioecological systems: Application to agriculture of the United States Gulf Coast[J]. Environmental Modelling & Software, 2016, 79（5）: 85–95.

[48] Chen F., Liu J., Wu J., et al. Measuring the relationship among stakeholders from value–satisfaction–demand in the development of ecotourism of Marine Park[J]. Marine Policy, 2021, 129（2）: 104519.

[49] Eetvelde V V, Antrop M. A stepwise multi–scaled landscape typology and characterisation for trans–regional integration, applied on the federal state of Belgium[J]. Landscape and Urban Planning, 2009, 91（3）: 160–170.